교실에서 못 배우는 식물 이야기

교실에서 못 배우는 식물 이야기

교과서에 없는 살아 있는 생물학

–
초판 1쇄 1987년 03월 20일
초판 4쇄 1999년 07월 30일
개정 1쇄 2024년 05월 14일

–
지 은 이 이와나미 요조
옮 긴 이 손영수 · 윤실
발 행 인 손동민
디 자 인 김현아

–
펴 낸 곳 전파과학사
출판등록 1956년 7월 23일 제 10-89호
주 소 서울시 서대문구 증가로18, 204호
전 화 02-333-8877(8855)
팩 스 02-334-8092
이 메 일 chonpa2@hanmail.net
공식 블로그 http://blog.naver.com/siencia

ISBN 978-89-7044-328-7 (03480)

교실에서 못 배우는 식물 이야기

교과서에 없는 살아 있는 생물학

이와나미 요조 지음 | 손영수 · 윤실 옮김

전파과학사

프롤로그

포푸리

어느 선생이 흑판에 커다랗게 'potpourri'라고 써놓고, "자, 이 말의 뜻을 아는 사람 손들어 봐요!"라고 말하자, 학생들은 의아한 표정으로 서로의 얼굴만을 살필 뿐 아무도 손을 들지 않는다. 그러자 선생은 천천히 '포푸리'라고 다시 또박또박 써 놓고, "그럼, 이 말을 알고 있는 사람은?"

그러자 절반이 되는 수에 가까운 학생들이 "아 그것 말이야 ……" 하는 표정으로 손을 들었다. 선생은 "문과계 학생 중 포푸리를 모르는 사람이 있다는 건 정말 한심하군. 어…… 이건 농담이고, 사실은 포푸리라는 걸 알고 있는 사람은, 늘 잡지나 뒤적이고, 공부에는 그리 열성이 아닌 사람이라고 할 수 있을 거야……." 손을 들지 않았던 학생들의 얼굴에 안도의 빛이 감돌았다. "그러나 공부하지 않아도 대학에 들어올 수 있었다면, 그 사람은 아주 머리가 좋은 사람일 거야."

손을 들었던 학생들도 킥킥거리며 웃었다.

이상은 어느 대학의 여학생이 많은 문과계 학과의 '생명과학 개론' 수업 중에 있었던 한 광경이다. 포푸리라는 것은 — 이 책에도 나오듯이—

장미 등의 꽃잎을 말려서 작은 병에 넣고, 그것에다 향유를 섞어서 자기가 좋아하는 향내를 만들어 즐기자는 것으로, 최근에 일본의 여성들 사이에서 갑자기 유행하기 시작한 취미 중 하나이다.

대학 수업 도중에 왜 포푸리가 등장했느냐고 하면, 때마침 식물의 냄새 물질에 관한 얘기를 한 뒤에, 지금의 젊은이들이 냄새에 대해 어느 정도 관심을 가졌는지 알고 싶어서였는데, 절반이나 되는 학생이 포푸리라는 말을 알고 있다는 사실에는 다소 놀랐다.

인간은 예로부터 식물의 냄새를 좋아했다. 이를테면 고대 로마인들은 욕탕에 좋아하는 향유나 향고(香膏)를 준비해 두었다가, 목욕을 마치고 나오면 마사지를 받은 뒤 그것을 온몸에 발랐다.

이렇게 동서고금을 막론하고 인간은 예로부터 식물의 향기를 즐겨 왔다. 물론 전쟁이나 천재지변 속에서 살아남기에 급급했던 시대의 사람들은 식물의 향기 따위에는 전혀 관심을 쏟지 않다가 문명이 난숙기에 접어들고, 온갖 것을 다 가진 뒤에야 냄새를 즐기게 되었다.

최근 젊은이들 (주로 여성) 사이에서 급속히 포푸리가 유행하기 시작했다. 도심지의 새로 생긴 거리에는 포푸리를 전문으로 다루는 가게가 생겼고, '포푸리스트'라는 직업도 나타났다. 젊은이들은 이어폰으로 음악을 즐겨 왔듯이, 자기가 좋아하는 향내를 자기 손으로 만들어 즐기기 시작한 것이다. 이것은 바로 수백 년에 한 번 있을까 말까 하는 태평성대로 접어들었다는 증거이기도 하다.

이런 시대에는, 여태까지와는 다른 감각이나 지식으로써 세상을 파악

해 갈 필요가 있다고 생각한다. 이것이 이 『교실에서 못 배우는 식물 이야기』라는 책을 쓰게 된 첫 번째 이유이다.

생물교육

인간의 생활과 식물이 밀접한 관계를 갖는 포푸리에 관한 문제는 학교의 생물 수업에서 다루어진 일이 없을 뿐만 아니라, 아마 앞으로도 다루어지는 일이 없을 것이다. 그것은 이 책에도 쓰여 있듯이 이를테면 레몬이나 커피의 냄새를 만들고 있는 화학 물질이 자그마치 400종류 이상이나 된다는 점에도 있다. 즉 식물의 냄새를 과학 연구의 대상으로 삼기에는 너무도 복잡한 것이다.

그런데, 살아 있는 동물이나 식물의 생활은 모두가 이와 같은 복잡성 위에 성립된다. 그 때문에, 당연한 일이겠지만, 학교의 수업에서 배우는 생물의 지식과 실제로 주변에서 볼 수 있는 생물 현상 사이에는 큰 간격이 있다.

필자는 1981년에 다른 두 사람과 공저로 『생명의 질문 상자』라는 책을 썼었다. 이때는 미리 신문에 광고를 내어 생물에 대한 질문을 공모했는데, 전국에서 답지한 질문의 내용은, 이를테면 "바퀴벌레는 왜 벌렁 뒤집혀 죽느냐?" 등의 생물학 서적이나 생물 교과서에 없는 질문들뿐이었다.

한편, 중학교나 고등학교의 교과서를 펼쳐 보면, 거기에는 실제 생활과는 관계가 없는 재미없는 내용의 것이 많다. 학교에서 이런 교과서를 사용하고 있으면, 가르치는 선생님도 따분할뿐더러 생물 수업을 받는 학생도 즐거울 리가 없다. 어릴 적에는 동물이나 식물을 좋아했던 사람이 이런 교과서로 수업을 받게 되고 나서부터는 도리어 동식물을 좋아하지 않게 되었다고 해서 조금도 이상할 것이 없다. "10년 이상이나 영어를 배웠으면서도, 미국 사람과 인사 하나 제대로 하지 못한다"라는 이유로, 일본의 영어 교육이 비난을 받고 있지만 이것은 결코 영어에만 국한되는 문제가 아니라, 생물 교육에서도 마찬가지이다.

이래저래 생물 교과서와 생물 교육에 대해 많은 욕을 했는데, 이것은 결코 남에 대한 말이 아니라 바로 저자 자신을 비난하는 말이다. 왜냐하면 욕을 하는 나 자신이 실은 고교 생물 교과서 집필자 중 한 사람이기 때문이다.

생물 교과서가 왜 이러한지 그 첫 번째 이유는 이미 냄새에 관한 얘기에서도 했듯이, 생물의 생활이 너무도 복잡하기 때문이다.

"이 현상에 대해 A씨는 이런 설을 주장하고 있지만, 이런 예도 또 알려져 있으므로, 그 설이 반드시 옳다고만 말할 수는 없다……"

이런 식으로 말한대서야 수업이 되질 않는다. 그 때문에 생물 교과서에서는 비교적 많은 사람들이 믿고 있는 것을 대표로 들어서 가르치거나, 복잡한 것을 무리하게 단순화하여 가르치고 있다. 교과서에 쓰여 있는 것이 말하기는 쉬워도 내용은 어려워서 알 수 없는 것이 많은 이유는 바로 그 때문이다. 또 교과서에는 최대공약수적인 것이 쓰여 있기 때문에 당연히 주변의 실제 현상과는 결부되지 않는 내용이 많다.

교과서의 내용이 재미가 없다고 하는 또 하나의 이유는, 교과서의 수

용 태세와 그 교과서가 쓰이는 과정에 있다. 만약 각각의 집필자가 자기가 재미있어하는 문제만 자세히 쓰게 된다면, 생물학 중 극히 일부분의 사실밖에는 배우지 못하는 교과서가 만들어질 것이고, 가령 그것이 재미있는 교과서라고 하더라도 대학 수험 때 곤란해진다는 이유에서, 고교 측에서 받아들이지 않을(즉 교과서로는 팔리지 않을) 것이 뻔하다. 그 때문에 책 속에 담겨 있는 알맹이는 집필에 들어가기 전에 이미 대충 결정되고 만다.

거기에다 교과서 검정을 받을 때는 문부성(문교부)의 지도에 좇아, 몇 번이고 고쳐 써야 하므로, 마지막에는 어느 출판사의 교과서도 거의 같은 내용의 것이 되기 마련이다.

이유야 어쨌든 간에, 지금의 교과서가 내용이 결코 좋은 것이 못 된다고 생각하면서도 교과서를 쓰고 있는 저자로서는, 이런 상태로는 자신부터 만족할 수 없으므로, 저자의 교과서를 사용하는 고등학교 생물 선생님이나 학생들에게 면목이 없다.

이것이 이 책을 쓰게 된 두 번째 이유다. 즉 "교과서에서 배운 것만이 식물학의 알맹이가 아니다"라는 것을 분명히 하고 싶었고, 또 교과서에서는 다루지 않았던 부분을 조금이라도 많이 소개하는 것이 재미없는 교과서를 쓰고 있는 자신의 의무라고 생각했기 때문이다.

독자 여러분 한 사람 한 사람이 학교에서 배우는 생물 지식에다 자연 속에서 실제로 이루어지는 갖가지 생물의 생명 활동에 대한 지식을 덧붙여 지님으로써, 더 넓은 시야에 서서 충실한 생활을 보낼 수 있게 되기를 간절히 바란다.

끝으로 이 책을 완성하는 데 있어, 많은 가르침을 주신 지바(千葉)대학의 누마다(沼田眞) 씨와 소다(曾田) 향료 주식회사의 우메다(梅田達世也) 씨, 그 밖의 여러분에게 감사의 뜻을 표하고, 출판되기까지 많은 신세를 진 고단샤(講談社) 과학도서 출판부의 고에다(小枝一夫) 씨, 다나베(田邊端瑞雄) 씨 두 분에게 감사를 드린다.

1986년 1월

이와나미 요조

차례

1장 식물과 인간

2장 식물의 생활에 관한 의문

3장 식물의 섹스 세계

4장 분자생물학부터 바이오테크놀로지까지

포푸리

1장

식물과 인간

인간은 식물을 무척 좋아하는데, 식물은 과연 어떨까?

식물에게도 감정이 있다고 가정하여 대답해 보자. 아마 식물은 인간을 매우 싫어하고 '될 수만 있다면 이 지구 위에 함께 살지 않았으면 싶은 생물'이라고 생각하고 있을 것이다.

지구 위에서의 식물과 인간의 관계를 살펴보면, 지금은 인간이 '만물의 영장(靈長)'인 것처럼 뽐내고 있지만, 생물이 발생한 과정을 살펴볼 때 인간은 식물보다 훨씬 후에 지구상에 태어났다. 이를테면 아직 인류(新人: neanthropic man)의 그림자도 없던 무렵에 이 지구상의 표면은 식물로 덮여 있었고, 아네모네와 톱풀 등 갖가지 식물이 현란하게 꽃피우고 있었다. 인간이 나타난 것은 그로부터 훨씬 후의 일이다.

지구 위에 모습을 나타낸 인간은 처음에는 나무 열매를 줍거나, 풀을 뜯어 먹거나 하며 생활하고 있었는데, 그러는 동안에 필요하다고 생각되는 식물을 수풀에서 캐어 와 자기 집 근처에다 심은 다음, 먹고 남은 나무 열매를 집 주위의 흙 속에 묻어 원시적인 농업을 시작했다.

이 무렵까지는 또 그런대로 좋았다고 하자. 그런데 인간은 이윽고 삼림을 불태워 버리고 그 자리에 널찍한 밭을 만들기 시작했다. 처음에는 필요한 식물만을 밭에 심고, 다른 것은 베어 내거나 뽑아 내고 있었는데, 문명이 진보함에 따라 식물끼리 억지로 교배시켜 인간이 원하는 성질을 지닌 잡종 식물을 만들거나, 식물체의 일부(뿌리나 줄기)가 특별히 커지는 기형 식물을 보호하여 그 식물을 번식시키고, 또 방사선을 쬐어 변종 식물을 만들거나, 몸의 일부를 절단하여 다른 종류의 식물에다 접목하는 등 갖은 방법으로 식물의 생활과 형체를 개조해 왔다.

또 최근에는 식물체의 세포끼리 수정을 시켜 자연만으로는 일어날 수 없는 특별한 식물(예컨대 pomato: 감자와 토마토의 세포를 융합시켜 만든 신종 작물)을 만들어 내고 있다. 과연 식물이 이런 인간을 좋아할 수 있을까?

그런데 이상하게도, 인간은 이렇게 학대해 온 식물을 무척이나 좋아한다. 식물에 대한 인간의 사랑은 짝사랑일 뿐이다. '그 사랑이 절대적인 사랑이기 때문에 사람은 식물들을 귀여워하고 때로는 그것을 보호하려 했던 것'이 아닐까.

그림 1-1 | 인간의 사랑은 짝사랑

네안데르탈인도 꽃을 좋아했다는데 정말일까?

네안데르탈인은, 지금부터 4만 5천 년에서 12만 년 전에 이 지구 위에 살고 있던 구인(舊人: paleanthropic man)인데, 그 생태에 대해서는 거의 알지 못한다.

1951~1960년 사이에 컬럼비아대학의 솔레키(R. S. Solecki) 등은 네 번에 걸쳐 이라크의 샤니다르 동굴 속에서 네안데르탈인의 무덤을 발굴했다. 어느 때에 그들은 약 6만 년 전의 것으로 생각되는 사람 뼈를 발견했는데, 더 자세히 주위의 상황을 조사하던 중 뼈 주위에 식물의 꽃가루가 떨어져 있는 것을 발견했다.

어두운 동굴 속이므로 거기에 식물이 돋아날 턱은 없었다. 그렇다고 해서 외부로부터 꽃가루가 날아들었다고 하기에는 같은 종류의 꽃가루가 너무도 많이 뭉쳐 떨어져 있었다. 화분 분석의 전문가가 조사한 결과 그것은 톱풀, 수레국화 등 여덟 종류의 꽃가루라는 것이 밝혀졌다. 솔레키는 모든 각도에서 이 문제를 검토한 결과 다음과 같은 결론에 도달했다.

네안데르탈인은 동굴로 운반해 온 죽은 사람에게 꽃다발을 바쳤을 것이다. 그 꽃다발의 꽃가루가 흙 속에 남겨진 것이 틀림없다. 네안데르탈인은 원숭이와 같은 몸을 하고 있었는지는 몰라도, 분명히 원숭이는 아니며 인간과 마찬가지로 "꽃을 사랑하는 마음"을 지니고 있었던 것이다.

꽃가루는 수천 년 수만 년이 지나더라도 흙 속에서 썩지 않고 그 모습을 지니고 있으므로 네안데르탈인의 무덤 속에 당시의 꽃가루가 남아 있

그림 1-2 | 네안데르탈인도 죽은 사람에게 꽃다발을 바쳤을까?

다는 것은 조금도 이상할 것이 없다. 다만 과연 그들이 지금의 우리처럼 꽃을 좋아해서 죽은 사람에게 꽃다발을 바쳤는지는 모르겠다.

그것은 어디까지나 상상일 뿐, 지금으로서는 알 수 없는 일이다. 어쩌면 환자가 약으로 쓰고 있던 식물을 함께 묻었을지도 모르고, 또 부패를 막기 위해 사체를 풀로 감싸서 흙에 묻었을는지도 모른다.

아무튼 6만 년 전 흙 속의 꽃가루를 조사하여 네안데르탈인의 마음을 헤아려 본다는 것은 정말로 낭만적인 얘기가 아니겠는가.

고대 이집트에서는 미라를 만들 때 어떤 식물을 사용했을까?

기원전 3000년 무렵의 이집트에서는 '죽은 사람의 몸을 그대로 고스란히 보존해 두면, 언젠가는 그 몸에 영혼이 되살아난다'라고 믿고 있었기 때문에 미라가 활발히 만들어졌고, 그 때문에 여러 가지 연구가 이루어지고 있었다.

텔레비전 등에서 오래된 미라에 누더기(붕대) 비슷한 것이 돌돌 감겨 있는 것을 본 적이 있을 것이다. 사실 그것은 붕대가 아니라 방부 작용을 가진 식물의 성분을 삼의 일종인 아마(亞麻)로 짠 천에 스며들게 하여, 그것을 사체에 감아 붙여 몸이 썩지 않게 방지한 것이다.

그림 1-3 | 미라를 만드는 데 식물의 성분이 쓰였다

그 무렵 이집트에서 미라의 방부용으로 쓰였던 식물은 육계나무(肉桂)이다. 육계나무는 녹나무의 무리인 계피 베룸(Cinnamonum zeylanicum)이나 중국 계피(Cinnamonum cassia)라는 식물의 나무껍질(계피: 桂皮)을 말린 것으로, 한약재로도 쓰이고 그 성분을 떡이나 엿 속에 넣기도 하며, 홍차에 넣어서 마시기도 한다.

육계나무에는 꽤 강력한 살균력이 있을 뿐만 아니라 그 냄새는 초파리를 죽이는 효과도 있다(저자들의 실험 결과). 따라서 미라의 방부제로 활용되었을 것이 분명하다. 이집트에서는 육계를 구하기 위해 멀리 남방의 소말릴란드에 수시로 원정대를 보내고 있었다. 육계 외에도 '미르라(myrrha: 몰약=沒藥)'라고 불리는 에티오피아산의 감람과에 딸린 나무의 껍질도 쓰이고 있었던 것 같다.

기원전 1000년경에 이르러 이집트에서는 미라 전용의 '키피'라는 배합 방부제가 쓰이게 되었다. 키피는 육계, 몰약 외에도 창포 뿌리, 박하 잎사귀, 송진, 벌꿀을 섞은 것이다. 당시의 이집트인들은 이 키피를 흙과 이끼에 섞어서 그것을 뇌와 내장을 제거한 시체 속에 채워 넣고, 앞에서 말한 방부제를 스며들게 한 천으로 몸을 감쌈으로써 꽤 완전한 미라를 만들고 있었다.

일본 사람은 밭에서 어떤 식물(작물)을 재배하고 있었을까?

기원전 3000년의 이른바 일본의 신석기시대인 새끼 줄무늬 시대(조몬 시대) 무렵에는 아직도 밭이라고 할 만한 것이 없었다. 사람들은 자연식물, 이를테면 으름, 개머루, 호두 등의 과실이나 참마, 엘레지, 고사리 등의 뿌리와 머위, 미나리 등의 잎과 줄기, 그 밖에 버섯류 따위를 먹고 있었던 것 같다. 그러다가 이윽고 이들 식물 중에서 비교적 다루기 쉬운 것을 골라 씨앗을 집 주위에 떨구어 두거나, 뿌리를 캐 와서 흙 속에 묻거나 하는 매우 원시적인 농경 작업을 시작했다. 이런 농경 작업에 쓰였다고 생각되는 아주 간단한 돌도끼나 돌괭이가 당시의 유적에서 발견되었다.

밭에서 작물을 재배한 것으로 명확히 알려져 있는 것은 조몬 시대 후기부터인데, 작물 종류의 변천에 대해서는 여러 가지 설이 있다. 이를테면 1972년에 쓰쿠바(斑波常治) 씨는 지난날의 일본 작물을 네 무리로 나누어 다음과 같이 생각하고 있다.

제1군; 일본의 신석기시대인 새끼줄무늬시대와 금석 병용기인 야요이시대(痛生時代)에 재배되고 있었던 것.

조, 벼, 보리, 메밀, 팥, 콩, 무, 토란.

제2군; 794~1868년의 헤이안시대(쭈安時代)에 재배되기 시작한 것.

완두, 동부, 순무, 갓, 부추, 염교, 오이, 가지, 파, 고추냉이.

제3군; 1467~1568년의 전국시대(戰國時代)와 1600~1867년의 에도시대(江戶時

代)에 재배되기 시작한 것.

호박, 고구마, 감자, 수박, 사탕수수, 옥수수, 당근, 시금치 등.

제4군; 1868~1912년의 메이지시대(明治時代)에 재배되기 시작한 것.

양파, 배추, 호밀 등.

이들 작물의 대부분은 이주자에 의해 외국에서 일본으로 들여온 것이며, 가장 중요한 작물인 벼는 기원전 1세기경에 남인도(또는 히말라야 지방)에 있던 극히 원시적인 벼가 중국 남부로부터 건너온 사람들에 의해 규슈(九州)로 들어와, 그것이 전국으로 퍼졌다고도 한다.

언제, 어느 지방에, 어떤 작물이 들어왔는지는 그 시대의 유적에서 출토되는 유물이나, 오래된 책 속에 나오는 식물 이름으로부터도 알 수 있지만, 과거 시대의 지층 속에 섞인 화분을 분석함으로써 상당히 명확하게 확인할 수 있다.

옛날에 유럽인들이 동양으로부터 사들이고 있던 향신료는 어떤 식물인가?

유럽 사람들이 향신료(香辛料)를 얻는 데 보인 강한 열의는, 우리에게는 도무지 이해조차 안 되는 일이지만, 유럽인과 향신료의 밀접한 관계는 그 역사가 기원전 27년으로까지 거슬러 올라간다.

긴 전쟁이 끝나고 로마제국이 성립되자, 사람들은 생활이 평안해지고 사치가 몸에 배어 중국의 비단, 이집트의 상아 세공물 등의 외국 제품이 나돌게 되었다. 이 무렵 인도로부터 후추가 들어왔다. 그러자 로마 사람들은 일찍이 경험한 적 없는 후추의 냄새와 맛에 넋을 잃게 되었다. 이 이후부터 대량의 후추가 수입되면서 외화가 국외로 유출되어 그토록 번창했던 대로마제국도 쇠퇴하기 시작했다는 말이 있을 정도이다.

그 후 향신료는 유럽의 온 나라로 번져갔다. 지금으로부터 약 500년 전에 포르투갈과 스페인이 경쟁적으로 아시아로의 항로를 개발하려 하고 있었는데, 그 무렵 그들이 동남아시아와 인도에서 사들이고 있던 향신료는 인도의 후추와 스리랑카(당시는 세일론)의 육계, 필리핀 남방 말루쿠 제도의 정향(丁香: Clove)과 육두구(肉豆蔲: nutmeg apple)였다.

육계는 앞에서도 말했듯 스리랑카에 자생하는 계피(Cinnamonum)

그림 1-4 | 향신료의 원료가 되는 식물

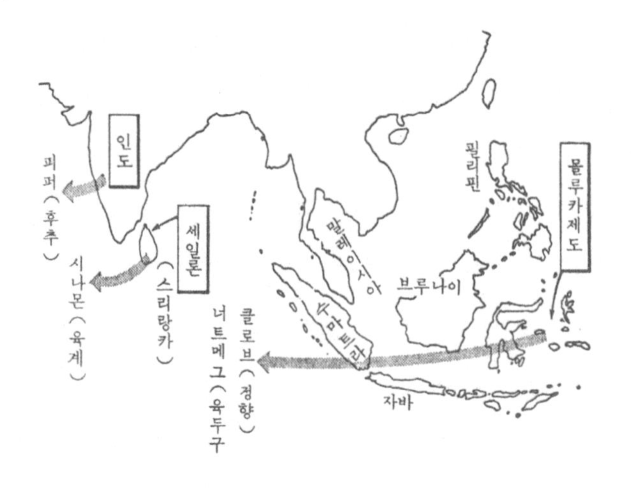

그림 1-5 | 향신료를 산출하는 나라들

라는 학명을 가진 식물의 나무껍질을 따서 말린 것이다. 정향은 말루쿠 제도 원산의 유게니아 카리오필라타(Eugenia caryphyllata)라고 하는 식물의 꽃피기 전 봉오리를 건조시킨 것으로, 마치 못과 같은 모양을 하고 있기 때문에 '정자(丁字)' 또는 '정향(T香)'이라 부른다. 육두구는 말레이어로 '파라'라고 불리는 미리스티카 프래그란스(Myristica fragrans) 과실의 속껍질을 벗겨 내어 말린 것이다.

이 식물들은 모두 독특한 냄새를 내며, 그것이 인간의 뇌를 적당히 자극하고, 그 속에 함유된 물질은 요리 맛을 좋게 하며 식품이 잘 썩지 않게 한다. 또 이 향신료는 정력제나 미약(媚藥)으로서도 효과가 있다고 당시의 사람들이 믿고 있었기 때문에 한때는 금과 같이 비싼 값으로 거래되었다.

바스코 다 가마(V. da Gama)가 아프리카 남단을 돌아가는 항로를 발견(1498년)하고, 마젤란(F. Magellan)이 남미의 남단을 지나 태평양을 횡단해 아시아에 다다른(1520년) 것도 향신료를 얻기 위한 것이었고, 네덜란드와 영국이 동인도회사를 만들어 싸운 것도 후추와 육계 등의 향신료를 손에 넣기 위함이 최대의 목적이었다.

우리가 '녹색인간'이 된다면 어떤 이점이 있을까?

'녹색인간'이란 뜻을 피부가 녹색이고, 광합성을 할 수 있는 인간이라는 뜻으로 해석하고 답하겠다.

식물이 녹색을 하고 있는 것은 잎이나 줄기의 세포 속에 녹색의 엽록소가 포함되어 있기 때문이다. 무엇 때문에 엽록소를 지니고 있는가 하면, 엽록소로 태양빛을 흡수하여 그 물리적인 에너지를 생명 활동에 필요한 화학적인 에너지로 변환하기 위함이다.

이리하여 식물은 자기 힘으로 태양의 물리 에너지를 화학 에너지로 바꾸고, 그 화학 에너지를 사용하여 살아가고 있으므로, 태양전지를 가진 솔라 시스템(solar system)의 기계처럼, 전기나 석유 등의 에너지를 외부로부터 줄 필요가 없다. 즉 식물은 동물처럼 식사를 할 필요가 없다.

우리 동물은 태양 에너지를 화학 에너지로 바꾸는 능력이 없으므로, 화학 에너지를 함유한 물질을 입을 통해 몸속으로 들여보내어(즉 식사하

그림 1-6 | '녹색인간'은 햇볕을 쬐며 살아간다

여) 살아가기 위한 에너지를 보급하고 있다.

이상으로도 알 수 있듯이, 만약 우리가 녹색 인간이 된다면 우선 식사를 하지 않아도 되게 된다. 다만 하루에 한 번쯤은 질소, 인산, 칼슘 등이 함유된 액체 비료와 같은 것을 마실 필요가 있다. 세 번의 식사를 하지 않게 되면, 식사를 만들거나 먹거나 하는 시간이 절약될 것이므로 생활에도 충분한 여유가 생길 것이다.

또 지금과 같이 다른 생물(야채나 가축 등)을 잡아먹지 않아도 될 터이므로 식량 문제가 원인인 전쟁이나 다른 사람과의 싸움도 없어지고, 인간은 정신적으로도 안정을 유지하여 지금보다는 온화한 성격이 될 것이다. 농업의 필요가 없어지면 땅이 남아돌고, 값도 내려갈 것이므로 일평생 내 집 장만에 고생하지 않아도 된다. 식량 문제가 없어지면 우주여행 등이 지금보다 훨씬 수월해진다. 그 밖에도 목욕탕에서 몸을 씻거나, 땀을 닦는 습관 등은 남아 있겠지만 화장실이 필요하지 않게 될지도 모른다.

이렇게 생각해 보면, '녹색인간'이 되면 좋은 일투성이일 것처럼 생각되지만, '녹색인간'이 되었을 때의 생활 양식 변화에 대해 좀 더 생각해 보자.

우선 피부를 빛에 쬐어 광합성을 하지 않으면 생활할 수가 없기 때문에 양복이나 옷을 입지 않는 것이 좋을 것이고, 입는다고 해도 유리같이 투명한 것으로 될 터이므로 패션이 완전히 달라지게 된다. 학교나 회사에서는 지금보다 훨씬 밝은 조명을 쓰게 되고 그 속에서 알몸 같은 상태로 행동하거나, 또는 하루에 몇 시간은 강한 태양빛을 쬐야 하기 때문에 특별한 방을 마련할 필요가 있다. 개인의 집도 지붕이나 벽이 투명에 가까워질 터이므로 프라이버시를 지키기 어려워질 것이다.

무엇보다도, 살아가기 위해서는 태양빛만 쪼이고 있으면 된다고 생각하게 되어, 인류는 긴 세월이 지나는 동안 차츰 식물처럼 몸을 움직이지 않는 방향으로 바뀌어 가지 않을까? 사람마다 제각기 양지에서 햇볕이나 쬐며 살아가는 생활보다는, 현재처럼 살기 위해 나날이 일하지 않으면 안 될 배고픈 상태가 도리어 즐거움도 많고 충실한 일생을 보내게 되는 것이 아닐는지?

식물에도 혈액형이 있다고 하는데 사실일까?

혈액형이라고 하는 것은 혈액의 형을 말하는 것이므로 혈액이 없는 식물에 혈액형이 있을 리가 없다.

간혹 신문이나 잡지에 식물에도 혈액형이 있다는 듯이 보도되는 일이 있는데, 그것은 인간의 혈액형을 조사하는 방법을 식물에다 적용시켜 볼 때, 일부의 식물(약 10% 남짓)이 인간의 혈액형과 같은 반응을 보인다는 뜻이다.

이 혈액형과 유사한 현상의 연구는 일본 과학경찰연구소의 야마모토(山本登) 씨 등에 의해 실시되고 있는 것인데, 그 연구를 시작한 동기가 매우 독특하다. 연구소의 사람들이 도호쿠(東北) 지방에서 일어난 살인사건의 검증 작업을 하고 있던 때의 일이다. 죽은 사람이 쓰고 있던 베갯속에 묻은 핏자국으로부터 혈액형을 조사하려고 시약을 뿌렸더니, 핏자국이 없는 부분에 AB형의 혈액이 반응하는 곳을 발견했다. 의아스럽게 생각하여 여러 가지로 조사한 바, 이외에도 베갯속에 들어 있던 메밀껍질이 AB형의 혈액과 같은 반응을 나타냈다.

우리는 혈액형이라는 말을 들으면 금방 A형, B형, AB형, O형이라는 것과 A형인 사람은 꼼꼼한 성격, B형인 사람은 사교성이 좋고 밝은 성격 등을 머리에 떠올린다. 그런데 실제로는 인간의 혈액이란 매우 복잡한 것이어서, 그것을 분류할 때에도 Rh식, NNSs식, P식, 더피(Duffy)식 등 십수 종류의 방법이 고안되어 있다. A, B, AB, O형의 네 가지로 크게 나누는 ABO식은 그중 하나로, 간단하고 알기 쉽기 때문에 일반적으로 쓰이고 있다.

우리는 ABO식의 혈액형에 대해 또 하나의 것을 알고 있다. 그것은 혈액형의 종류에 따라서 수혈을 할 수 있는 것과 그렇지 않은 경우가 있다는 사실이다. 이를테면 A형인 사람에게는 A형의 피는 수혈할 수 있어도 B형인 사람의 피는 수혈할 수가 없다. 이것은 A형인 사람의 핏속에 B형의 피를 응고하게 하는 물질(항B응집소)이 함유되어 있기 때문이다. 한편 B형인 사람의 핏속에는 항A응집소가 함유되어 있으므로, B형의 사람에게 A형의 피를 수혈하면 혈액이 응고된다.

인간의 혈액형을 조사할 때는 이 항B, 항A 등의 응집소를 사용한다. 이를테면 어떤 사람의 혈액에 항B응집소를 보태면 응고하지 않고, 항A응집소를 보태면 응고할 경우, 그 사람의 피는 A형이라고 판정할 수 있다. 그 반대의 경우는 B형이고, 어느 쪽의 응집소를 보태도 응집하는 경우는 AB형이다. O형을 판정하기 위해 혈액의 응고를 살필 때는, O형인 사람의 피를 닭 등의 동물에 주사하여 거기서 생기는 항O응집소(항H응집소)를 써야 한다.

이것과 마찬가지로 항B, 항A, 항H응집소 등을 여러 가지 식물을 짓이긴 액에다 보태 보면, 여느 때는 응고하고 여느 때는 응고하지 않는다. 그 때문에 이들의 반응을 나타내는 식물에 대해서도 인간의 경우와 마찬가지로 A형, B형, AB형, O형의 네 종류로 나눌 수가 있다. 다음에 보인 표가 그것을 가리키고 있다.

표현형	식물 이름
O형	무, 순무, 포도, 화살나무, 동백나무, 애기동백, 색단풍
A형	식나무, 사스레피나무
B형	꽝꽝나무, 줄사철나무
AB형	메밀, 자두나무, 아왜나무, 마취목, 가막살나무, 고로쇠나무

이처럼, 어떤 종류의 식물은 인간의 혈액형과 마찬가지로 반응하지만 그것은 식물에 혈액이 있기 때문이 아니라, 우연히 그 식물의 몸속에 인간의 적혈구를 만들고 있는 당단백(당과 단백질이 결합한 것으로 혈액의 응고를 일으키게 하는 물질)과 같은 물질이 함유되어 있기 때문이다.

삼림욕은 어떤 병에 잘 듣는가?

요즈음 갑자기 텔레비전이나 신문 등에서 삼림욕(森林浴)에 관한 기사가 다루어지고 있는데, '삼림욕'이라는 말 자체는 일본에서 생긴 것으로, 1982년에 일본의 임야청(林齡廳)이 독일에 많이 있는 숲속의 보양소(保養所) 같은 것을 만들자고 제안했을 때 쓴 것이 처음일 것으로 생각된다.

독일에는 '흑림(黑林: Schwarzwald)'이라고 불리는 광대한 삼림지대가 있어, 예로부터 그 속에 보양소를 만들어 중병을 앓은 사람을 위한 사회복귀요법(社會復歸療法: rehabilitation)이 행해지고 있었다. 보양소에 오는 사람들은 의사의 지도 아래 숲길을 산책하거나, 냉수욕, 온수욕, 테니스, 미니 골프 등을 하면서 건강 회복에 힘써 왔다.

본래 삼림욕은 해수욕, 일광욕 등과 같은 부류의 말이므로, 숲속에 몸을 두는 것이지 특별한 질병을 치료하는 것은 아니다. 오늘날 일반 사람들이 쓰고 있는 삼림욕의 의미도, 이를테면 하이킹으로 깊숙한 숲을 빠져나왔을 때 "아, 오늘은 삼림욕을 했다"라는 뜻으로 쓰고 있는 것 같다.

그런데 이 삼림욕은 특정 질병을 고치는 데 도움이 안 된다고 하더라도, 인간의 몸에 어떤 효과는 주고 있다. 삼림 식물은 테르펜(terpene)류, 알코올류, 알데하이드류 등의 물질을 공기 속으로 배출하는데, 이 물질들은 세균류를 죽이거나 번식을 억제하는 것이 증명되고 있다. 따라서 숲의 공기 속에는 도회의 공기보다 병원균이 적다고 생각되고 있고, 실제로 일본의 경우, 예로부터 결핵 요양소는 반드시 송림 속에 세워지고 있었다.

일본에서 나온『알래스카 이야기』(新田次郎 지음)라는 책 속에, 해안 출신의 에스키모 사람들이 여행 도중에 가문비나무 숲속으로 들어갔을 때 몹시 기침을 하거나 두통에 시달리거나 하는 증상이 쓰여 있다. 또 이 식물이 내는 휘발성 물질이 초파리나 꿀벌, 바퀴벌레는 물론 도롱뇽이나 쥐까지도 죽여 버리는 작용을 가졌다는 것이 알려져 있다.

예로부터 "독과 약은 종이 한 장의 차이"라는 말이 있다. 독이 되는 물질은 쓰기에 따라서는 약이 될 수 있고, 약이 되는 물질도 지나치게 주게 되면 반드시 독이 된다. 실제로 자연의 삼림 공기 속에 함유된 물질의 양

그림 1-7 | 해안에 사는 에스키모는 숲속에서 괴로워하기 시작한다

은 그리 짙은 농도는 아닐 터이므로, 동물을 죽이거나 독이 되거나 할 정도의 작용은 없겠지만 세균의 번식력을 약화시키는 정도의 작용은 있다.

삼림욕의 효과는 삼림의 무엇이 어디에 효험이 있다는 식의 직접적인 것이 아니라, 숲의 식물에서 나오는 여러 가지 물질이 병원균의 번식을 약화하거나 신경의 항진을 억제하거나 하는 일도 있는 데다, 숲의 푸르름으로 인하여 눈의 피로가 가시고 새들의 지저귐으로 마음이 편해짐으로써 종합적으로 인체가 건강해지는 방향으로 유도된다고 생각하는 것이 좋을 것이다.

모든 식물의 꽃가루가 화분 알레르기를 일으키는가?

만약 우리가 식물의 꽃가루를 대량 흡수해야 하는 환경 속에 있다면, 모든 꽃가루가 화분 알레르기(花粉症)를 일으킬 것이다. 그러나 실제에 있어서 식물의 꽃가루는 화분 알레르기를 일으키기 쉬운 것과 일으키기 어려운 것으로 나눌 수가 있다.

1. 공기 속에 그 꽃가루가 대량으로 포함되어 있다.
2. 그 꽃가루 속에 알레르겐(allergen: 알레르기를 일으키는 물질)이 많이 함유되어 있다.

우선, 전자는 꽃가루의 양을 말하는데, 삼나무, 소나무, 돼지풀, 환삼덩굴 등과 같이 꽃가루를 바람에 실어 나르는 풍매화는 꽃가루를 대량으로 생산해 공기 속으로 흩뿌린다. 게다가 이들 꽃가루는 알갱이가 작아 공기 중에 뜨기 쉽게 되어 있다. 5월경에 화분 채취기를 써서 조사해 보면 1㎠의 너비에 하루 300개 이상이나 되는 꽃가루가 날아오는 것을 볼 수 있다.

온종일 공기를 빨아들이고 있는 우리는 자신도 모르게 공기와 함께 대량의 꽃가루를 몸속으로 빨아들이고 있다. 따라서 일반적으로 풍매화의 꽃가루는 화분 알레르기의 원인으로 주의할 필요가 있다.

이것에 비해 충매화의 꽃가루는 생산량도 적은 데다 대형이고 또 표

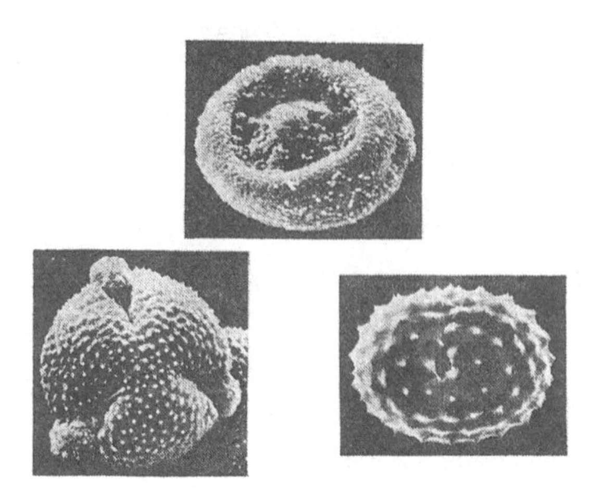

그림 1-8 | 꽃가루 알레르기의 범인들 (왼쪽부터 쑥, 삼나무, 돼지풀의 꽃가루)

면에 기름과 같은 것이 묻어 있기 때문에, 벌레의 몸에는 잘 달라붙지만 공기 속에는 그다지 많이 함유되어 있지 않다. 따라서 충매화의 꽃가루는 알레르기의 원인으로 꼽히지 않는 것이 보통이다. 다만 특별한 경우, 이를테면 꽃밭에서 일을 하거나, 건초를 준비하거나 하는 사람이 그 식물의 꽃가루를 많이 빨아들이는 경우와 같을 때, 그 꽃가루에 의해 알레르기를 일으키는 수가 있다(예를 들면 제충국 화분증).

다음에는 화분 알레르기를 일으키기 쉬운 제2의 조건에 대해서 살펴보자. 꽃가루는 종류에 따라 화분 알레르기를 일으키는 원인이 되는 물질(알레르겐)을 많이 함유하는 것과 적게 함유하는 것이 있다. 알레르겐을 많이 함유하는 꽃가루가 코나 목의 점막에 붙으면, 그 알레르겐이 인

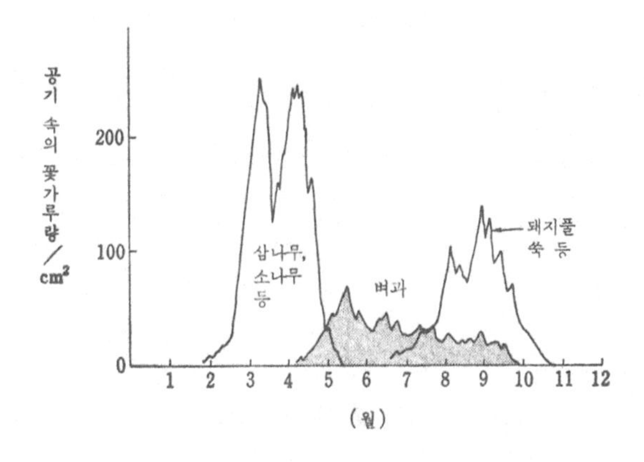

그림 1-9 | 알레르기를 일으키는 꽃가루량의 계절 변화

체 내로 들어간다. 그러면 우리의 몸은 그 알레르겐에 대해 특별한 항체를 만들고, 이 특별한 항체(IgE)가 눈물이나 콧물, 재채기를 나게 한다. 따라서 이 항체를 만드는 알레르겐을 조금밖에 안 가진 꽃가루는 알레르기를 일으키지 않는다.

예를 들어 소나무의 꽃가루는 공기 속에 대량으로 함유되어 있지만, 알레르겐의 양이 적기 때문에 그다지 문제가 안 된다. 그러나 대량으로 빨아들이면 소나무의 꽃가루도 화분 알레르기를 일으킨다는 것이 일반적으로 알려진 사실이다.

삼나무, 돼지풀, 쑥, 환삼덩굴, 벼 등의 꽃가루는 공기 속에도 많이 포함되어 있는 데다, 알레르겐을 많이 함유하고 있기 때문에 화분 알레르기의 원인으로서 가장 두려워하고 있는 것이다.

화분 알레르기에 걸려 있는 사람은 그 꽃가루가 공기 속에 함유되어 있는 계절(그림 1-9), 특히 1㎠에 60개 이상의 꽃가루가 떨어져 내리는 날에는 마스크를 하거나 물로 목과 입안을 자주 씻어 내는 등의 주의가 필요하다.

공기 속에 함유되어 있는 꽃가루(공중 화분)의 조사 방법은?

최근에 갑자기 화분 알레르기(화분증)에 대한 문제가 커지고, 그에 수반하여 공기 속의 꽃가루를 조사하는 연구가 활발해졌다. 고교생과 중학생 중에도 공중 화분(空中花粉)을 조사하는 사람이 있을 정도이다.

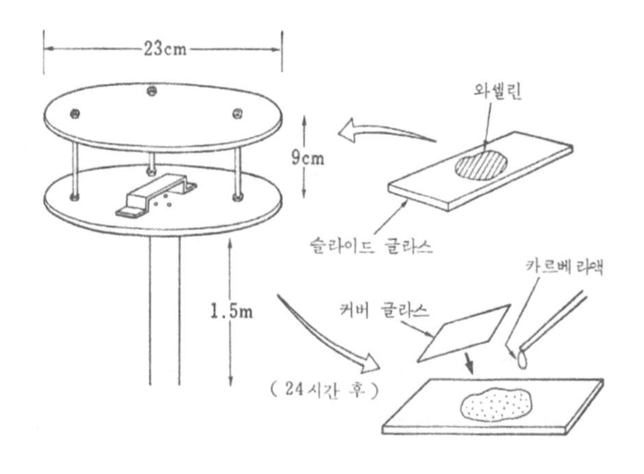

그림 1-10 | 더럼식 화분 채취기에 의한 조사법

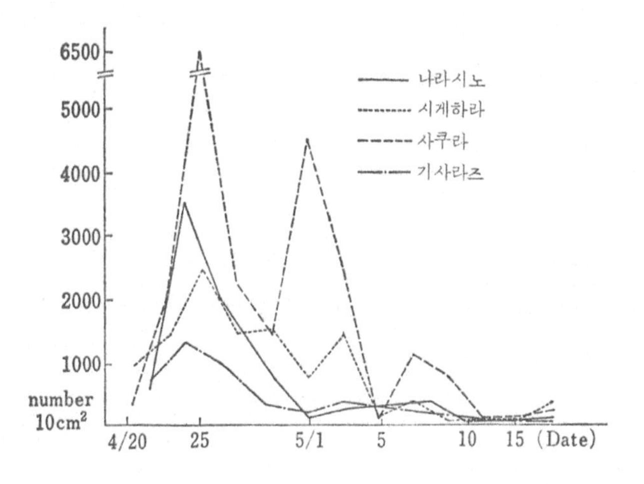

그림 1-11 | 지바현 내의 소나무 꽃가루 채취 결과

공기 속의 꽃가루를 조사하는 데는 여러 가지 방법이 있지만, 장래에 국내의 다른 지역 또는 외국에서의 조사 결과와도 비교하는 일이 있을 것이므로, 세계에서 널리 사용되고 있는 더럼(Durham)식 화분 채취기에 의한 방법을 소개한다.

지름 23㎝의 스테인리스(또는 합성수지) 원판을 두 장 준비하고, 그것을 그림과 같이 9㎝ 간격으로 수평이 유지되게 고정한다. 아래쪽 판 위에 높이 2㎝의 곳에 슬라이드 글라스를 둘 수 있을 만한 받침대를 만들고, 중앙부에 바세린을 바른 슬라이드 글라스를 얹는다.

이렇게 해서 24시간 동안 옥외에 방치해 둔 후, 바세린 위에 카르베라액을 두 방울쯤 떨어뜨리고 커버 글라스를 덮어 현미경으로 관찰한다.

슬라이드 글라스 위에는 암석 조각이나 그 밖의 먼지가 많이 떨어져 있는데, 그 속에 붉게 물든 꽃가루가 보일 것이다. 그 꽃가루의 수와 종류를 조사하여 기록한다.

※ 카르베라액을 만드는 방법 — 글리세린 5mℓ와 95%의 알코올 10mℓ, 증류수 15mℓ를 섞은 액에 푹신(fuchsin)을 물에 녹인 액을 두 방울에서 세 방울 떨어뜨려 액이 분홍색이 되게 한다.

이와 같은 조사를 하루 건너씩 하여(비가 오는 날은 못 한다) 10㎠(또는 1㎠) 속에 몇 개의 화분이 있는가를 산출하여 그래프에 기입한다.

위의 그래프는 지바현(千葉縣)의 나라시노(習志野), 시게하라(茂原),

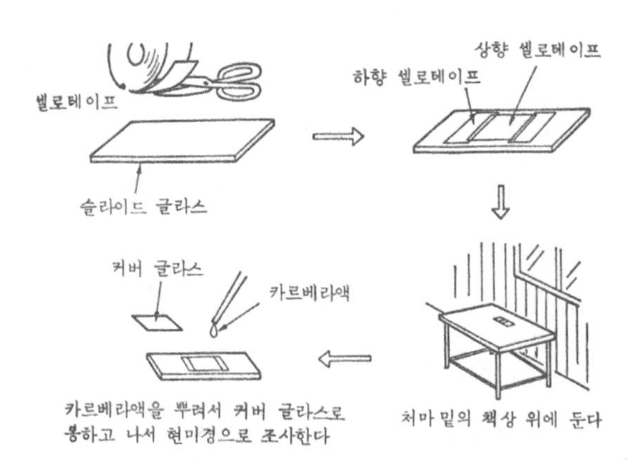

그림 1-12 | 공중 화분을 관찰하는 간편한 방법

사쿠라(佐倉) 그리고 해안에 있는 기사라즈(木更津) 네 곳에서 조사한 소나무의 꽃가루에 대한 결과이다. 이 그래프로부터 10㎠에 6,000개나 되는 꽃가루가 낙하한다는 것과 해안지방보다 내륙지방의 공기 속에 많은 꽃가루가 함유되어 있다는 것을 알 수 있다.

화분 채취기에는 이 밖에도 여러 가지 형식의 것이 사용되고 있고, 헬리콥터로 하늘을 날면서 꽃가루를 모으는 일도 하고 있다.

또 공기 속에 꽃가루가 함유되어 있는 것을 관찰하는 것만이 목적일 경우에는 특별한 채취기를 쓰지 않고, 〈그림 1-12〉와 같이 슬라이드 글라스에 셀로판테이프를 위쪽으로 해서 발라 두고(약 1㎠ 너비), 그것을 지붕 밑이나 창가 등에 두었다가 24시간 후에 카르베라액을 뿌려서 현미경으로 관찰하면 된다.

뜰의 낙엽이 가을보다 초여름에 더 많이 떨어지는 까닭은 무엇일까?

낙엽이니 마른 잎이니 하면 우리는 금방 가을을 생각한다. 실제로 은행나무, 단풍나무, 벚나무, 매화나무와 같은 보통의 낙엽수는 늦가을 무렵에 일제히 잎을 떨어뜨리고 벌거숭이가 된다.

그러나 한마디로 낙엽수라고 하지만 밤나무, 상수리나무, 굴참나무, 졸참나무, 떡갈나무 등의 참나뭇과 식물에서는 약간 상태가 다르다. 이 식물들은 가을이 되면 잎이 말라 갈색이 되지만, 은행나무나 단풍나무처

그림 1-13 | 초여름에 낙엽이 많다니?

럼 일제히 낙엽이 지는 일은 없다.

낙엽의 원인은, 잎의 잎자루와 가지가 붙어 있는 부분에 떨켜(분리층)라고 하는 특별한 조직이 생겨, 거기서 잎이 부러지게 되어 모체에서 떨어져 나가기 때문이다. 우리나라에 자라는 대부분의 낙엽수는 추운 겨울이 오면 떨켜를 형성하여 잎을 떨어버림으로써, 잎이 떨어진 자리를 보호하는 성질을 지니고 있다.

그런데 상수리나무, 밤나무, 떡갈나무 등의 참나뭇과 식물은 떨켜를 만들 줄 모른다. 이것은 본래 이들 식물이 더운 남방 지역 출신이기에, 떨켜를 만들어 낙엽이 질 필요가 없었기 때문이라고 생각된다. 따라서 이 식물들은 계절이 추워지고 잎이 갈색으로 되어도 떨켜가 형성되지 않아,

이들의 마른 잎은 언제까지고 가지에 붙어 있다가 겨울의 강풍에 쥐어뜯기듯이 흩날려 조금씩 나무에서 떨어져 나가는 것이다.

또 우리 주위에는 겨울이 되어도 푸른 잎을 지니고 있는 상록수라고 불리는 식물을 꽤 많이 볼 수 있다. 식나무, 태산목, 대나무, 돌참나무, 소귀나무 등이 그 예인데, 이 식물들도 일생 같은 잎을 품고 있는 것은 아니며, 봄이 되어 새잎이 생기면 낡은 잎은 떨어져 나간다. 그 때문에 대나무나 돌참나무 등에서는 신선한 잎이 다 나오는 5월경에 낙엽이 활발해진다.

이처럼 가을 이외의 계절에도 많은 식물의 낙엽이 진다. 그러므로 특히 상록수가 많이 심어진 뜰에서는, 초여름에 낙엽이 많은 것은 결코 이상 현상이 아니고 매우 당연한 일이다.

대마와 마리화나에 대한 설명을?

대마(大麻: 삼)는 삼과 식물의 일종으로 학명을 대마초 인디카(Cannabis indica)라고 하며, 마리화나(marijuana)라는 것은 대마의 일부를 건조한 것을 말한다.

대마라는 것은 암수딴그루(雌雄異株, 대부분의 동물과 마찬가지로 개체마다 암수로 나누어져 있는 것)이므로 수컷과 암컷의 대마가 있다. 그런데 암컷의 잎사귀와 꽃, 열매 등에는 대량의 칸나비놀(cannabinol)이라는 독성이 있는 물질이 함유되어 있다.

그림 1-14 | 대마

대마의 암그루 잎이나 꽃, 열매를 말린 것, 즉 마리화나를 담배 등에 섞어서 빨아들이면, 우선 어깨 근육이 뜨거워지면서 그것이 점차 전신으로 퍼져 온몸이 나른해지고 집중력이 없어진다. 그러나 소리나 색깔에 대해서는 평소보다 민감해진다고 알려져 있다. 그 때문에 예술 관계의 일을 하고 있는 사람에게는, 일종의 뇌 자극제로서 좋은 영향을 주기도 하는 것 같지만, 뭐니 뭐니 해도 인간을 자연과는 다른 상태에 두는 것이므로 결코 바람직한 일은 아니다.

또 마리화나의 유독 물질은 체내로 들어가도 수 시간 내에 분해되거나, 체외로 배출되기 때문에 LSD(Lyseric Acid Diethylamide: 환각제) 만큼은 신체에 해를 끼치지 않는다고 한다. 미국이 마리화나에 대해 우리보다 훨씬 관대한 것은 이 때문이다.

이들 외에도 '해시시(hashish)'라고 불리는 것이 있는데, 이것은 대마에서 추출한 정제(extract)를 농축한 것이므로 당연히 마리화나와 같은 작용을 지니고 있다.

니코틴을 만드는 담배라는 식물은 어떤 식물인가?

담뱃잎을 말려서 그것에 불을 댕겨 연기를 빨아들인다는 이상한 습관은, 콜럼버스(C. Columbus)에 의해 신대륙으로부터 유럽에 도입된 후, 급속히 온 세계의 사람들에게 번졌다. 일본에 담배가 들어 온 것은 1500년대 말께이다(역자 주: 한국에는 광해군 때에 일본에서 건너왔다고 한다).

담배라는 식물은 가짓과의 담배속(Nicotiana)에 속하는 것인데, 가짓과 중에는 담배 외에도 가지, 토마토, 감자, 고추 등 인간 생활과 밀접한 관계를 가진 식물이 많다. 이 가짓과의 담배속 중에는 약 60종류의 담배가 있고, 현재 이들은 루스티카(Nicotiana rustica)와 타바쿰(Nicotiana tobacum), 페투니오이데스(Nicotiana petunioides) 세 무리로 나누어져 있다.

이들 세 무리의 담배속 식물 중에서 지금까지 끽연용으로 밭에서 재배된 적이 있는 것은 루스티카와 타바쿰 두 무리인데, 루스티카쪽은 매운맛이 강하고 맛이 없기 때문에, 현재 재배되고 있는 담배 대부분은 후자인 니코티아나 타바쿰(Nicotiana tobacum)(여섯 종류가 있다)이고, 그

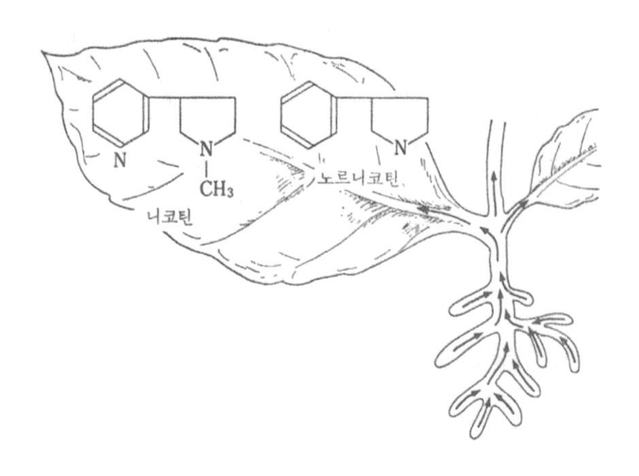

그림 1-15 | 니코틴류는 담배의 뿌리 끝에서 만들어져 잎에 저장된다

염색체 수는 24개(n)이다. 담배 연구자들은 이 타바쿰을 중심으로 하여 교배와 돌연변이주(突然變異株)의 선출, 꽃밥 배양(葯培養), 체세포수정(體細胞受精) 등의 방법으로 품종 개량을 추진하고 있다.

담배속 식물이 가지고 있는 공통적인 특징은 몸속에 알칼로이드라고 하는 특수한 물질을 생성한다는 점이다. 담배가 만드는 알칼로이드 대부분은 니코틴인데, 그 밖에 노르니코틴(nornicotin), 아나바신(anabasine)도 만들어진다. 담배의 품종에 따라서는 노르니코틴을 니코틴 보다 많이 만드는 것도 있는데, 노르니코틴이 많은 담뱃잎으로 만든 담배는 니코틴이 많은 담배보다 맛이 부드러워진다.

이들 니코틴류의 물질은 담배의 뿌리, 그것도 수많은 가지가름(分枝)을 한 잔뿌리 끝 가까이에서 만들어지고, 그것이 모여서 최종적으로 잎에

그림 1-16 | 니코틴은 담배잎을 먹지 못하게 하기 위한 '자위 무기'

저장된다. 그 때문에 니코틴류는 담배의 식물체가 작을 때는 줄기 근처에 많고, 성장함에 따라서 잎에 많이 포함되게 된다. 또 한 그루의 담배 내에서도 니코틴은 윗부분에 붙어 있는 잎에 많고, 바탕 부분의 잎에는 적게 붙어 있는 경향을 볼 수 있다.

담배는 어떤 목적으로 이와 같은 니코틴류의 물질을 몸속에 저장할까? 이것에 대해서는 아직껏 발견하지 못하고 있다. 니코틴류는 휘발성을 가지며, 담배밭에 들어가면 담배 냄새가 난다. 담배에 약한 사람은 밭 속에 있기만 해도 기분이 나빠진다. 또 담배밭의 담배에서 나온 니코틴류가 근처의 밭에 있는 뽕잎에 흡수되어, 그 뽕잎을 먹은 누에가 피해를 입은 예도 있고, 실제로 니코틴을 주 재료로 한 제충제(除史劑)도 만들어지고 있다. 이런 것을 볼 때, 니코틴류는 식물의 체취 등과 마찬가지로 자기의 몸이 세균류나 벌레류 등에 의해 먹히는 것을 막기 위한 자위적(自衛的)인 무기라고 생각되고 있다.

이와 같은 담배가 지니고 있는 무기의 물질이 인체에 해를 끼치는 것은 당연한 일인데도, 예로부터 많은 사람이 담배를 피워 온 것은 "독과 약은 종이 한 장의 차이"에서 약 쪽으로서의 효용, 즉 소량의 니코틴은 인간의 신경을 적당히 자극하거나, 피로한 뇌에 휴식을 준다는 쪽의 효과가 사람들 사이에서 인정되고 있기 때문일 것이다.

벼꽃은 어떤 모양이며 또 꽃의 어느 부분이 쌀로 되는가?

우리는 쌀을 주식으로 삼고 있는데, 그 쌀을 만드는 벼꽃에 대해서는 잘 모르는 사람이 많은 것 같다. 벼의 꽃은 작아서 눈에 잘 띄지 않는 데다 일반적인 식물의 꽃과는 아주 다른 모양을 하고 있다.

보통의 식물의 꽃에는 암술과 수술이 있듯이, 벼꽃에도 암술과 수술이 있다. 그러나 예쁜 꽃잎이나 꽃받침은 없다. 그 대신 식물학 용어로 영(穎: glum)이라고 부르는 단단한 겉껍질(왕겨)이 붙어 있다. 그 때문에 벼꽃은 마치 조개껍질 속에 조개의 알맹이가 들어 있는 것과 같은 형태를 하고 있다. 이 영 속에 암술과 수술이 들어 있고, 영이 열리면 이들이 밖으로 나온다.

벼꽃은 암술은 한 개이지만 암술머리 끝이 둘로 갈라져서 깃털 모양

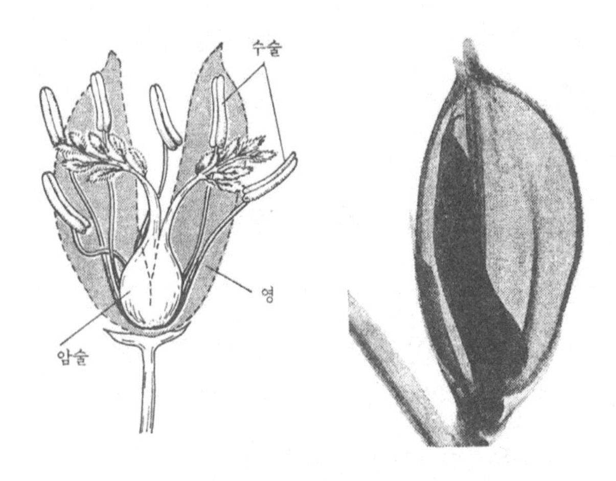

그림 1-17 | 벼꽃의 구조(좌)와 영 속의 씨방(암술의 하부)이 팽창하여 쌀이 되기 시작하고 있는 장면(뢴트겐 사진)

으로 벌어져 있다. 수술은 여섯 개가 있고, 꽃가루가 든 주머니(꽃밥: 葯)가 가느다란 실 모양의 꽃실(花絲) 끝에 붙어 있다.

단단한 영은 개화하기 전에는 녹색이지만, 꽃이 피고 가루받이를 하여 수정이 되면 황금색으로 바뀌어 간다. 수정을 하면 씨방(子房)이 부푸는데, 이 영 속의 씨방이 성장하는 모습은 소프트 뢴트겐 사진으로 촬영하여 관찰할 수 있다(그림 1-17).

이렇게 암술의 씨방이 성하여 속에 녹말(전분)이 축적된 것이 쌀알이다. 가을이 되어 영글어진 벼의 과실을 모아 기계로 짓이기듯이 하여 겨(영 부분) 부분만 제거한 것이 현미다.

현미는 그대로도 먹을 수 있으나 우리는 보통 이 현미에서 다시 주위의 색깔이 묻은 부분을 제거하여 백미로 만든 후 밥을 지어 먹고 있다.

꽃의 꿀과 벌꿀은 같은 것일까?

벌꿀은 꿀벌이 꽃의 꿀을 꽃에서부터 벌집으로 운반하여 저장한 것이므로, 꽃의 꿀과 벌꿀은 같은 것이라고 생각하는 사람이 많으나, 그 성분을 살펴보면 이 둘은 전혀 다르다는 것을 알 수 있다.

먼저 꽃의 꿀 성분을 보면, 그 대부분이 우리가 가정에서 쓰고 있는 설탕(자당: 蔗糖)과 같은 것이다. 짙은 자당액 속에 소량의 포도당과 과당이 함유되어 있는 것이 꽃의 꿀로서, 당 이외의 물질은 거의 포함되어 있지 않다. 이에 반해 벌꿀은 당이 주성분인 것에는 변함이 없으나, 당의 종류를 보면, 꽃의 꿀에는 자당은 매우 적고, 포도당과 과당이 대부분으로 되어 있다. 이처럼 꽃의 꿀과 벌꿀에서는 우선 당의 종류에 있어서 큰 차이를 볼 수 있다.

다음에는 앞에서 말했듯이 꽃의 꿀 속에는 당 이외의 물질은 거의 포함되어 있지 않으나, 벌꿀 속에는 알라닌, 아르기닌, 글루타민산, 세린, 프롤린 등의 아미노산이 대량으로 함유되어 있고, 그 밖에 비타민 C, 비타민 B_1, B_6, 니코틴산 등의 비타민류와 인베르타아제, 글루코오스옥시다아제 등의 효소(단백질로 이루어져 있다)가 상당히 많이 포함되어 있다.

또 꿀벌이 벌집에 저장한 벌꿀에는 꽃가루가 많이 함유되어 있다는

그림 1-18 | 벌꿀이 든 홍차를 마시면 꽃가루를 먹는 결과가 된다

특징이 있다. 시장에서 사 온 벌꿀을 슬라이드 글라스 위에 얹고 커버 글라스를 덮어 현미경(200~500배)으로 관찰하면 여러 가지 꽃가루가 들어 있는 것에 놀라게 된다(그림 1-18). 벌꿀 속 꽃가루의 양이나 종류는 벌꿀이 든 병마다 조금씩 다르지만, 많을 때는 1g 속에 2만 개나 되는 꽃가루가 들어 있다. 그러므로 우리가 벌꿀을 넣은 홍차 한 잔을 마시면, 수천 수만 개의 꽃가루를 먹는 것이나 다름없게 된다(주: 먹은 꽃가루의 성분은 소화기 속에서 분해되므로 화분 알레르기의 원인이 되지 않는다).

이상과 같이 꽃의 꿀과 벌꿀은 그 성분이 다소 다르지만, 둘 사이에 관계가 없을 턱이 없다. 요컨대 벌꿀은 꿀벌이 꽃의 꿀을 빨아들여 그 속에 꽃가루와 자기 몸으로부터의 분비물을 보태 자기들의 자손을 위해 만들고 있는 영양가 높은 식품인 것이다.

꽃의 꿀에 자당이 많고 벌꿀에 포도당과 과당이 많은 것은 자당에 인베르타아제(꽃가루 속에 대량으로 함유되어 있다)가 작용하여 자당을 포도당과 과당으로 분해시키기 때문이다.

피톤치드의 뜻과 작용은 무엇인가?

피톤치드(파이톤사이드, phytoncide)라는 말이 요즈음 텔레비전이나 신문에서 자주 쓰이고 있는데, 이 말은 소련의 토킨 교수가 처음으로 쓰기 시작한 것으로, 파이톤(Phyton)은 '식물'이고 사이드(cide)는 '죽임'이라는 뜻이다.

그림 1-19 | 숲의 식물로부터 휘발성의 파이톤사이드가 나오며, 청산은 그것의 영향이다

이와 비슷한 단어로는 허비사이드(풀을 죽이는 것: herbicide=제초제), 인섹티사이드(벌레를 죽이는 것: insecticide=살충제) 등이 있다. 앞선 단어들을 보면, 파이톤사이드란 '식물을 죽이는 것'이라는 뜻이 되는데, 이 정도로는 뜻이 너무 막연하다. 좀 더 구체적으로 말하면, '식물이 만드는 물질로서 자기 외의 생물을 죽이는 작용이 있는 물질'이라는 뜻으로 생각하는 것이 좋을 것이다.

식물은 살아 있는 동안에 여러 가지 물질을 몸 밖으로 배출한다. 이 중에는 그저 불필요하게 되었기 때문에 버리는 것도 있고, 어떤 작용을 하기 위해 특히 그 물질을 만들어서 체외로 내보내고 있는 것도 있다. 이를테면 식물이 자기 몸을 노리고 다가오는 세균류나 곰팡이류를 죽이거나 번식을 억제하는 물질을 만들어서 몸 밖으로 내보내고 있는 경우, 그 물질이 바로 파이톤사이드인 것이다. 따라서 파이톤사이드에는 식물체에서 공기로 휘발하고 있는 물질은 물론 잎의 가장자리나 나무껍질에서 바깥으로 배출되고 있는 분비물, 수지(樹脂), 또는 그 속에 포함되는 물질, 뿌리로부터 흙 속으로 내보내고 있는 물질 등 여러 가지가 포함되어 있다. 곰팡이류가 만드는 항생 물질(이를테면 푸른곰팡이가 만드는 페니실린)도 넓은 의미에서는 파이톤사이드의 일종이다.

그런데 최근에 텔레비전이나 신문에서 말하는 파이톤사이드란, 삼림에서 공기로 배출되고 있는 휘발성 물질(테르펜: terpene류 등)을 가리키고 있는 것이 많은 듯하다. 물론 그것도 파이톤사이드의 일종이지만 그것만이 전부는 아닌 것이다.

삼림의 식물로부터는 대량의 휘발성 파이톤사이드가 공기 속으로 나오고 있는데, 이들 파이톤사이드에는 세균류를 죽이는 힘이 있을 뿐만 아니라, 어떤 식물의 파이톤사이드는 쥐와 도롱뇽 등의 동물에게도 치사적(致死的)으로 작용한다는 것이 알려져 있다.

예로부터 중국이나 일본, 한국 등에서는 청산(靑山)으로, 오스트레일리아 등에서는 blue mountain이라는 말이 쓰여 왔는데, 이것은 초여름에 먼 산들이 파랗게 어렴풋이 보이는 것을 말하며, 이는 삼림 등의 식물이 내는 파이톤사이드의 영향이다.

향장고의 원리와 향장고를 만드는 방법을 가르쳐 주십시오

향장고(香藏庫)라는 것은 문자 그대로 '향기 속에 식품을 보존하는 용기'로, 자기 자랑 같기는 하지만 1983년에 저자가 신문이나 잡지에서 "인류는 장래 전기냉장고 대신 향장고를 쓰게 될 것이다"라고 말한 것이 시작이었다고 생각된다. 물론 그 이유는 식물이 잎이나 줄기, 뿌리에서 내는 냄새 물질(파이톤사이드의 일종)이 박테리아(세균류)의 번식을 억제하거나 죽이는 작용을 했기 때문이다.

식물의 냄새 물질에는 박테리아뿐만 아니라 초파리와 꿀벌 등의 곤충류, 쥐나 도롱뇽 등의 작은 동물까지도 죽이는 작용이 있다. 이들 냄새 물질은 식물이 박테리아와 동물에게 먹히는 것을 막기 위한 자기 방위의 무

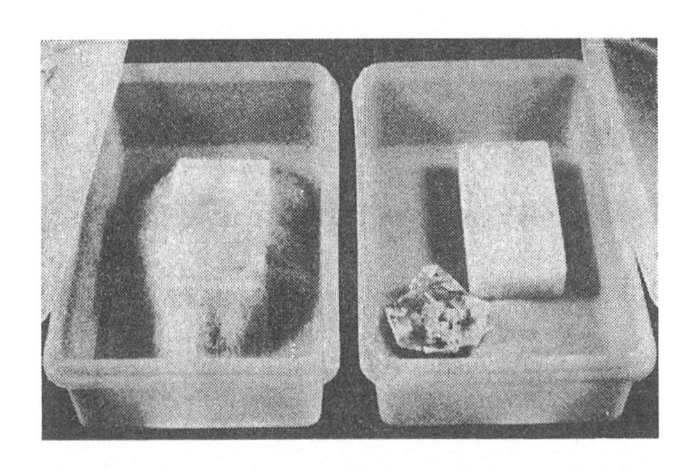

그림 1-20 | 향장고의 아이디어(좌는 떡만을, 우는 분쇄된 고추냉이 1g과 함께 25℃에서 10일간 보관한 것)

기일 것으로 생각하고 있는데, 이 자연의 식물이 쓰고 있는 무기를 이용하여 식품을 부패로부터 지키고자 했던 것이 향장고이다.

향장고는 창고처럼 큰 것과 가정용 냉장고와 같은 것 등 여러 가지로 생각할 수 있는데, 〈그림 1-20〉의 사진도 간단한 향장고의 일종이다. 밀봉할 수 있는 용기(topper)에 떡을 넣고, 한쪽은 그대로 다른 쪽은 고추냉이를 강판에다 간 것(약 1g)을 넣어 25℃의 방 안에 10일간을 두었던 뒤의 상태이다. 왼쪽 떡은 곰팡이 투성이지만, 오른쪽 떡에는 전혀 곰팡이가 피지 않았다. 이와 같이 전기나 특별한 방부제를 쓰지 않더라도 식품을 식물의 향기 속에 보존할 수 있는 것이다.

소련에는 겨자기름을 담은 유리병 속에 매달아두었던 삶은 달걀이

그림 1-21 | 아프리카 들판에서도 쓸 수 있는 향장고

25년 동안이나 썩지 않았다는 기록이 있다. 만약 장래에 향장고가 쓰이게 된다면, 당연히 식물을 강판 등으로 간 것을 쓰는 것이 아니라, 식물의 냄새 물질과 동일한 물질을 용기 속으로 휘발시켜 사용하게 될 것이므로, 그 실용화에는 아직도 많은 시간이 필요할 것이다.

또 향장고라는 것은 기발한 아이디어인 것처럼 생각되고 있지만, 결코 그런 것은 아니며, 실제로 우리 조상들은 전부터 자연 식물의 냄새 물질을 생활 속에 이용해 왔다. 유자탕이니 창포탕은 목욕탕 박테리아의 번식을 억제하기 때문에 당연히 몸에도 좋을 것이다. 소금에 절인 벚나무잎에 싼 떡이나, 가는 대나무 잎에 싼 떡, 댓잎 등으로 싸서 찐 떡 등은 모두 옛날 사람들의 식품 보존을 위한 생활의 슬기라고 생각된다. 또 생선회에 고추냉이, 무, 차조기(꿀풀과 식물) 등의 잎사귀를 곁들이는 것도 생선이 썩지 않게 하기 위한 것임에 틀림없을 것이다.

프랑스에서는 버섯을 딸 때 돼지를 이용한다는데 정말일까?

버섯이라고 해도 표고버섯이나 싸리버섯 따위의 보통 버섯이 아니라, 프랑스 요리에 쓰이는 '트러플(truffle)'라고 불리는 특수한 버섯을 캘 경우의 일인데, 이것을 찾을 때는 확실히 돼지를 쓰고 있다.

트러플은 독특한 향기를 가졌다. 프랑스인은 우리가 송이버섯의 향기를 좋아하듯이, 이 트러플의 향기를 좋아하여 고급 프랑스 요리의 재료로서 소중히 다루고 있다. 일본에서도 수입품 트러플은 하나에 일본 돈 1만

그림 1-22 | 돼지가 찾아낸 트러플러를 가로챈다

그림 1-23 | 트러플 1개의 값은 1만 엔!

엔 정도로 팔리고 있으니까 대단한 값이다.

트러플은 균류(菌類) 가운데 괴균류(塊菌屬)에 포함되는 버섯으로 너도밤나무, 졸참나무, 개암나무 등의 활엽수(闊葉樹), 드물게는 소나무, 일본전나무 등의 침엽수 뿌리에 기생하여, 이들 식물로부터 영양분을 얻어 살고 있다. 그 때문에 트러플 탐색은 너도밤나무나 졸참나무의 숲속에서 이루어진다. 트러플은 흙 속(깊이 5~10㎝)에 생기고, 하나의 크기는 2~10㎝, 색깔은 갈색 또는 다갈색이며, 표면이 울퉁불퉁한 덩어리 모양이어서, 겉보기로는 흙에서 캐낸 감자 같아, 보통의 버섯과는 상당히 모습이 다르다.

감자처럼 지상부(줄기와 잎)가 있으면 좋으련만, 감자가 그대로 흙 속에 묻혀 있는 것과 같으므로 그것을 찾아내기란 쉽지가 않다. 그래서 인간과 마찬가지로 트러플을 좋아하는 돼지를 숲으로 데려가, 돼지가 향기를 맡아가며 트러플을 찾아내는 것을 인간이 가로채는 것이다. 돼지가 캐낸 트러플을 먹으려 할 때 재빨리 낚아채는 방법과 처음부터 돼지가 먹지 못하게 입에다 입마개를 씌우고 찾게 하는 방법이 있다.

또 이탈리아나 영국에서는 개를 써서 트러플을 찾기도 하는데, 아무튼 트러플 탐색에는 돼지가 능수라고 한다.

포푸리란 어떤 것인가?

포푸리란 외국의 소설 등에는 자주 나오는 포푸리(potpourri)를 말한다. 이것에 대해서는 우리뿐만 아니라 외국에서도 생물학으로 다루고 있지 않지만, 요즘에는 젊은 사람들 사이에서 유행하고 있는 데다 식물과 관계가 깊은 것이기에 대답하기로 한다.

potpourri를 큰 영어사전이나 외래어 사전 등에서 찾아보면, '잡향(雜香)'이라든가, '장미꽃 잎을 말려서 다른 향유를 섞어 항아리에 넣은 것'이니 '혼성곡(混成曲)'이라는 것 등으로 설명하고 있을 것이다.

먼저 포푸리를 만드는 방법을 설명한다. 장미나 라일락, 카네이션 등의 꽃잎들을 잘 건조시킨 것, 레몬의 과일 껍질을 가루로 만든 것 등을 작은 병에 넣고, 그것에다 육계와 육두구 같은 향료 식물의 가루를 보태고,

그림 1-24 | 포푸리를 즐기면서

다시 기름(장미유나 베르가모트 오일)을 섞어 밀봉한 후, 어두운 곳에 한 달쯤 둔다. 그러면 그 작은 병 속으로부터 독특한 향기가 나오게 되는데, 이것이 곧 포푸리이다. 포푸리는 최근에 갑자기 유행하여 각지에 포푸리 전문 가게가 생기고, 포푸리스트라는 직업까지 생겼지만, 이와 같은 식물의 냄새와 인간의 깊은 관계는 어제오늘에 시작된 것은 아니다.

이를테면 10만 년이나 전의 네안데르탈인이 향나무를 태우고 있었던 것이 유적의 조사에서 알려져 있다. 또 기원전 1350년경, 투탕카멘(Tutankhamen)의 무덤에서도 향 항아리가 발굴되었다.

동양 사람들도 대체로 식물의 향기를 좋아했던 모양으로, 절에서는 부처님 앞에 향을 사르고, 제사 때에도 향을 피우며, 향낭이라 하여 향을 담은 주머니를 차고 다니거나 옷에 향을 뿌리고 있었다.

그림 1-25 | 제비꽃을 주로 한 포푸리의 예

이렇게 식물의 향기는 인간 생활과 밀접한 관계를 갖고 있었지만, 생물학에서는 다루어지지 않고 있었다. 그 이유는 식물의 냄새가 매우 복잡하기 때문이라 생각된다.

이를테면 레몬이나 커피의 냄새 물질은 적어도 400여 종류로 구성되고, 그들 물질은 공기 속으로 휘발된 후, 분해되거나 다른 것과 결합하여 불안정하다. 그 때문에 생물학에서는 매우 다루기 힘들었던 것이다.

포푸리를 만들 때는 이런 복잡한 식물의 냄새 몇 종류를 혼합해서 자기가 좋아하는 냄새를 만들어 내는 것이므로, 이것은 이미 자연과학이라기보다는 차라리 예술 분야의 일이라고 할 것이다.

바이오 아트에 대해 설명해 주십시오

이것도 생물학에서는 다루고 있지 않은 문제이지만, 식물과 관계가 없는 일은 아니기 때문에 해설하기로 한다.

지구 위에는 무수한 식물과 동물이 생활하고 있는데, 생물은 저마다 이 지구 위에서 생활하기에 가장 적합한 형태를 지니고 있다. 몸속에 성

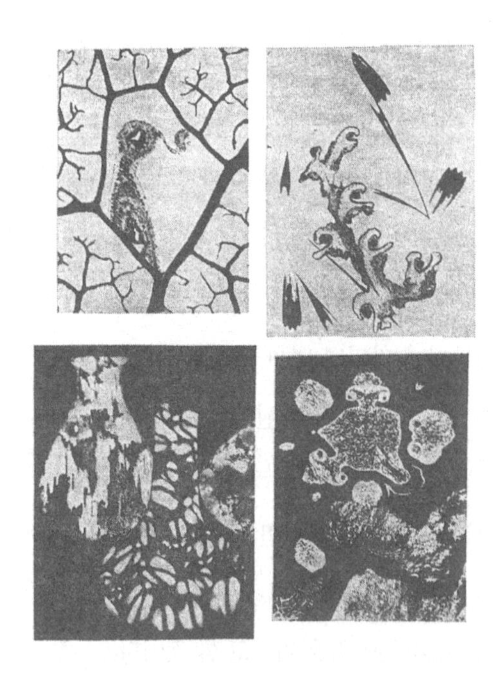

그림 1-26 | 비디오 아트의 예(좌상 – 물푸레 나무의 잎맥과 닭의 장 세포 단면, 우상 – 나비의 비늘가루와 개불의 수란관 단면, 좌하 – 자작나무의 나무껍질과 감자의 녹말, 우하 – 소나무 배주의 단면과 플라타너스의 나무껍질)

능이 나쁜 부분을 가졌던 생물은 진화 도중에 모습이 사라져 버렸고, 뛰어난 기능을 가진 것들만이 살아남았다. 즉 완벽한 모양으로 만들어진 것이 지금 우리 주위에서 볼 수 있는 식물과 동물인 것이다.

기계류에서도 합리적이고 낭비가 없는 우수한 성능을 가진 기계는 보기에도 아름답다. 이를테면 최근의 제트기나 우주선, 슈퍼카는 매우 아름다운 형태를 하고 있는데 이것은 저마다가 목적에 따라서 완벽에 가깝도록 합리적으로 설계되어 있기 때문이다. 수억 년에 걸쳐 개량에 개량을 거듭해서 완성된 지구 위 생물의 몸이 아름답지 않을 리가 없다. 사실 우리 주위에서 볼 수 있는 식물이나 동물의 몸에서는 아름다운 형태를 많이 볼 수 있다.

일찍이 독일의 철학자 칸트는『판단력 비판』이라는 책 속에서 "인간이 만드는 것은 모형이며, 그 원형은 유기체(생물의 몸) 속에 있다"라고 말한다. 천재적인 예술가가 평생에 걸려서 가까스로 창조한 형태가, 사실은 이미 수만 년 전부터 자기 몸속에 있었더라는 일은 없을까? 만약 있다고 한다면 "예술이란 자신을 아는 일이다"라고도 말할 수 있게 된다.

마르크스도 그의 저서『자본론』에서 "자연의 조형(造型), 이를테면 벌집의 탁월성은 인간의 건축사도 얼굴을 붉히게 한다"라고 말하고 있다. 요컨대 이러한 말은 생물이 만든 것 중에는 인간의 힘으로도 미치지 못할 만큼 뛰어난 조형이 있다는 것을 뜻하고 있다.

최근에 바이오테크놀로지(biotechnology)라는 말이 유행하고 있는데, 이것은 인간의 힘으로는 할 수 없는 일을 생물의 힘을 빌려서 하는 것을 말한다. 이를테면 인간의 호르몬인 인슐린을 만드는 DNA를 대장균의 DNA 속에 이식함으로써, 대장균이 대량의 인슐린을 만들게 하는 것 등은 바이오테크놀로지의 대표적인 예이다.

바이오 아트(bio art)는 이 바이오테크놀로지와 마찬가지로, 생물의 힘을 빌려서 미(美)의 세계를 창조하는 일이다. 인간이 자기 힘으로 하는 것이 예술인데, 식물이나 동물의 몸속에 있는 조형을 이용하여 인간의 힘으로는 할 수 없는 새로운 세계를 창조하는 것도 하나의 예술이다.

〈그림 1-26〉(생물 몸속의 조형을 사진으로 찍어 그것들을 조합한 것)은 바이오 아트의 네 가지 예이다.

파브르의 『곤충기』가 아닌 파브르의 『식물기』라는 책도 있습니까?

파브르는 학교에서 이과(理科) 선생을 하고 있었기 때문에 곤충에 관한 일은 물론 그 밖의 동물, 식물, 물리, 화학, 지학 등에 대해서도 광범위한 지식을 가지고 있었다. 그는 여러 가지 책을 썼는데, 뭐니 뭐니 해도 대표작은 모두 10권에 걸친 대작 『곤충기』이다.

그 밖의 책은 짤막한 것뿐이지만, 그중에 식물에 관해서 쓴 책도 딱 한 권 있다. 그것은 『Histoire de la Bûche(나무 이야기)』라는 책으로, 이것이 일본에서는 『파브르 식물기』라는 책 제목으로 번역되어 있다.

이 책 즉 파브르(J. H. Fabre)의 『식물기』는 식물의 세포와 유관속(維

그림 1-27 | 장 앙리 파브르

管束) 등의 조직, 잎과 줄기, 뿌리 등의 기관, 식물의 영양, 발근(發根), 변태 등 식물 전체에 관해 쓰여 있으므로 중학교나 고등학교의 생물 교과서와 같은 내용이다. 그러나 이 책의 특징은 교과서처럼 그저 여러 일이 나열된 것이 아니라 비유와 농담을 섞어 가면서, 아이들에게 얘기하듯이 쓰여 있다는 점이다. 파브르 자신이 평소에 '학교 교과서는 재미가 없다'라고 생각하고 있었던 모양이기에, 어떻게 하면 아이들에게 식물의 이야기를 재미있게 알려줄까 하고 연구하면서 썼을 것이다.

이를테면 광합성을 하는 잎의 세포에서는 "일하는 사람에게는 연장이 필요하다. 세포라고 하는 일꾼의 연장은 무엇일까? 그것은 엄청나게 작은 녹색 알갱이다. 잎의 세포를 눌러 찌그러뜨려 보면 투명한 세포액 속에 미세한 녹색 입자가 들어가 있는 것이 보인다. 이 녹색 입자가 엽록소이다. 앗! 미안, 미안. 또 연구자들이 쓰는 말을 입에 담아 버렸군. 자네들에게는 이런 용어는 덮어 두려고 했었는데…….” 이렇게 되도록 알기 쉽게 설명하려는 파브르의 다정한 태도는 곳곳에서 볼 수 있다.

다만, 아주 일부분이지만 군데군데 정확하지 못한 기술도 있다. 예를 들면 세포 속에 있는 녹색 알갱이는 당연히 지금의 생물학에서는 클로로필(엽록소)이 아니라 클로로플라스트(chloroplast: 엽록체)이다. 그러나 어쨌든 이 책이 쓰인 것은 지금으로부터 120년이나 전의 일이라는 사실을 생각해야 한다.

파브르의 『식물기』는 단순한 식물학 기술서가 아니라, 아이들의 손을 잡고 유원지를 노닐다가, 지루해질 때쯤 재밌는 얘기를 하여 힘을 북돋아 주고, 때론 아이들 혼자 돌아다니게 하며, 차츰차츰 식물의 불가사의한 세계를 관찰해 나가도록 이끌어 주는 교육적인 열의가 넘치는 책이다.

2장

식물의 생활에 관한 의문

식물은 왜 움직이지 않습니까?

"식물도 살아 있는 것이라면 동물처럼 움직이면 편리할 텐데……"라는 고운 마음씨에서 나온 질문이라고 생각한다.

일반적으로는 '움직이는 것이 동물, 움직이지 않는 것이 식물'이라고 생각되고 있는 것 같으나, 그것은 처음과 끝이 뒤바뀐 것이다. 식물은 왜 움직이지 않는지를 생각하기 전에, 동물은 왜 움직이느냐를 생각해 보기로 하자.

동물에서건 식물에서건, 생물이 살아가는 데는 당이나 녹말, 단백질 등의 유기물이 필요하다. 왜 유기물이 필요한가 하면, 생물은 유기물로 자기 몸을 만들며, 유기물에 함유되어 있는 화학 에너지(칼로리)를 써서 생명 활동(운동이나 성장, 번식)을 하고 있기 때문이다. 그 때문에 동물은 지구 위에 존재하는 유기물(주로 자기 이외의 생물의 몸)을 입으로 먹어 몸속에 넣고, 그것을 호흡으로 분해하여 생명 활동에 사용하고 있다. 사실 인간은 원시시대부터 산토끼, 사슴, 새, 물고기 등을 잡거나, 영양이 있는 풀을 찾아 그것들을 먹고 살아왔다. 동물은 식량을 찾아내어 먹기 위해 움직이지 않으면 안 됐다.

한편 식물은 태양빛을 사용하여 필요한 유기물을 자기가 만들어 내어 살아가고 있다. 태양의 물리 에너지를 화학 에너지로 전환하여 유기물로서 저장하는 능력이 있는 것이다. 그 때문에 다른 생물을 잡아먹을 필요도 없고, 자기가 움직여 먹이를 찾을 필요도 없다.

그림 2-1 | 인간을 포함하여 모든 동물은 식물의 기생충이다

이리하여 식물은 대지에 뿌리를 내리고 한 군데에 떡 버티고 있으면서 태양 에너지로 생활을 하고 있는데, 동물은 태양 에너지를 화학 에너지로 전환하는 능력이 없기 때문에, 식물이 몸속에 저장한 유기물 또는 그것을 먹고 살아가는 자기 이외의 동물의 몸을 먹음으로써 유기물을 가로채어 살고 있다. 그러므로 이 지구상에서 모든 동물을 제거해 버려도 식물은 조금도 곤란할 것이 없으나, 지구 위에서 식물을 모두 제거해 버리면 모든 동물은 자연히 절멸되고 만다.

"인간을 포함하여 모든 동물은 생물의 기생충이다"라는 말은 이것을 가리키고 있다. '움직이는 것이 동물, 움직이지 않는 것이 식물'이라기보다, '움직이지 않으면 살아갈 수 없는 것이 동물이고, 움직이지 않아도 살아갈 수 있는 것이 식물'인 것이다.

식물도 암에 걸립니까?

암이란 무엇이냐고 하게 되면 무척 어려운 문제가 되는데, 여기서는 "인체에 생기는 육종(肉腫: 혹) 같은 것이 식물의 몸에도 생기느냐?"라는 간단한 의미로 이해하고 대답하겠다.

생물의 몸을 만드는 세포는, 정상적인 상태일 때는 세포분열(細胞分裂)에 의해 생긴 뒤, 각각의 세포가 목적에 따른 형태와 성질을 지닌 것으로 변화해 간다. 이것을 '세포의 분화'라고 한다. 이를테면 잎의 바깥쪽에 있는 세포는 보통 세포벽이 극단으로 두껍게 되어 털이나 숨 구멍(氣孔) 등의 세포로 분화한다. 그런데 어떤 원인으로 인해 세포가 그저 분열만 계속하는 상태가 되어 버리는 일이 있다. 그러면 같은 형태와 성질을 가진 세포가 수많이 생기기 때문에 그 부분이 혹 모양으로 부푼다. 의학이나 동물학에서는 이와 같은 혹을 '육종' 또는 '종양(腫瘍)'이라 부르고 있다.

식물의 몸에서도 이따금 이런 혹이 생기는 일이 있는데 세균이 몸속으로 들어가 번식한 것이 원인이 되어 생기는 혹을 영류라고 한다. 이 영류(혹), 즉 잎이나 줄기에 생긴 이 혹 부분을 엷게 잘라서 현미경으로 보면, 그 속에서 세균을 볼 수 있는 것이 보통인데, 그 혹 가까이에 생긴 새로운 혹 속에서는 세균이 발견되지 않는 일이 자주 있다. 이것은 영류를 만든 원인이 바이러스이기 때문이며, 세균이 그 바이러스를 식물에서 식물로 나르기 때문이라고 생각하고 있다.

이 밖에 〈그림 2-2〉에서 보는 것과 같이 흔히 식물의 줄기나 잎에 생기

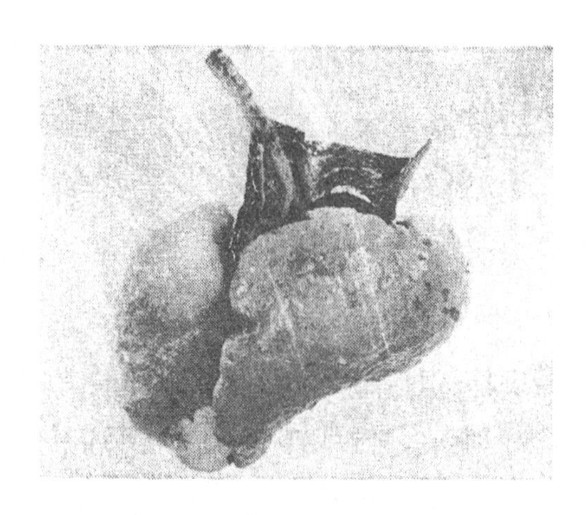

그림 2-2 | 철쭉 잎에 생긴 충영(식물의 암 일종)

는 '충영(虫癭: insect gall)'도 암의 일종이다. 충영의 경우는 줄기나 잎에 진드기, 쌍시류(雙翅類), 벌 따위가 알을 낳았을 때나, 뿌리에 선충(線虫)이 기생하거나 했을 때 그 영향으로 줄기나 잎, 뿌리의 세포가 분화하는 힘을 잃어 세포분열만을 계속하는 상태가 되어 혹 모양으로 된 것이다.

몸에 이런 혹이 생기면 당연히 잎이나 줄기세포의 생활력이 떨어지게 되는데, 식물에 있어서는 인간의 경우처럼 혈액이 암세포를 운반하여 다른 기관으로 잇달아 전이(轉移)케 하는 일은 없기 때문에, 몸 일부에 암의 육종 같은 것이 생겨도 몸속으로 퍼지는 일은 없다. 따라서 식물이 암에 의해 생명을 빼앗기는 일은 없는 것이다.

식물은 말을 합니까?

이 질문에 대해서는, '식물끼리 서로 이야기를 하냐는 것'과, '식물이 인간과 이야기를 할 수 있냐'는 것 두 가지로 나누어 대답해야 할 것이다.

우선 식물 사이에서 볼 때, 식물이 인간처럼 소리를 내어 이야기하는 일은 없다. 그러나 인간 세계에서는 소리에 의한 이야기뿐만 아니라 수화(手話)도 있고, 눈짓으로 자기 의사를 상대에게 전달할 수도 있다. '이야기를 한다'라는 것의 의미를 넓혀서 생각해 본다면 식물끼리도 이야기를 하고 있다고 말할 수 있다.

최근 미국에서 알게 된 일이지만, 플라타너스 등의 나무에 벌레가 붙으면 그 나무의 잎 속에 석탄산(phenol)이나 타닌 등의 물질이 만들어진다. 그러면 나뭇잎은 떨어지고 독성을 지니게 되기 때문에 여태까지 맛있게 잎을 먹던 벌레는 갑자기 식욕이 없어진다.

이 정도라면 식물이 자기 방위를 위해 벌레가 싫어하는 물질을 만들었다는 것이 되므로 그리 이상할 것이 못 된다. 그런데 숲속의 한 나무에 벌레가 붙으면, 이웃 나무도 또 그 이웃 나무도 석탄산이나 타닌을 만들기 시작한다는 것을 알게 되었다. 이렇게 되면 벌레에 먹힌 나무가 경계 신호에 해당하는 특수한 휘발 물질(일종의 냄새)을 공기 속으로 내보내어, 그 냄새를 맡은 다른 식물이 마찬가지로 벌레가 싫어하는 물질을 잎 속에다 만들어 내기 시작했다고밖에 생각할 길이 없다.

수풀이나 숲의 식물은 "벌레가 왔다. 조심하게!" "응, 알았어."라는 식

그림 2-3 | 숲의 나무도 '이야기'하면서 생활하고 있다

으로 이야기를 하면서 서로 도와가며 생활하고 있는 것이다.

다음에는 식물과 인간이 서로 이야기를 할 수 있느냐는 것인데, 식물이 인간의 말을 이해하지는 못할 것이다. 그저 예로부터 "귀여운 놈, 귀여운 놈."하고 식물의 머리를 날마다 쓰다듬어 주면 그 식물은 몸이 작은 상태로도 빨리 꽃을 피운다는 얘기가 있다.

몇 해 전의 일인데, 일본 시코쿠(四國)의 어느 지방에서 백합을 재배하고 있는 사람이, 해마다 온실 속의 통로에 심어진 백합이 키가 작은 데도 꽃을 피우고 있는 것을 알았다. 그 후 그 사람은 온실 작업 중 인간의 몸이나 기구가 지나다니는 길 가까이 있어 그것들이 백합에 닿기 때문이 원인은 아닐까 하고 생각하여, 통로에서 웬만큼 떨어져 있는 백합 머리에 날마다 일부러 손을 대 보았다. 그러자 그 백합도 키가 작은 채로 꽃을 달았다고 한다. 이것은 '인간이 식물에 닿았다는 것'에 대한 식물의 반응이므로 '말이 통했다'라고 생각하지 못할 것도 아니다.

그 후 이 문제는 학문적으로도 채택되었는데, 식물생리학에서는 접촉 자극에 대해 식물이 반응하여 형태를 바꾸는 것을 '접촉 형태 형성'이라 부르고 있고, 이렇게 되는 원인은 식물이 에틸렌이라는 억제 작용을 가진 호르몬을 내기 때문이라는 것도 알고 있다.

머리를 쓰다듬어 준 식물은 "귀여운 놈, 귀여운 놈."이라고 하여 기뻐하고 있었던 것이 아니라, 거기에 장해물이 있다는 것을 알고, 호르몬을 써서 자기 자신의 성장을 조절하고 있었던 것이다.

식물의 몸에는 왜 뼈가 없습니까?

반대 질문을 해보자. 동물의 몸에는 왜 뼈가 있을까? 뼈의 첫 번째 기능은 무거운 동물의 몸을 빌딩의 철골처럼 지탱하는 데 있다. 생물의 몸은 세포가 모여서 이루어져 있는데, 세포 자체는 부드러운 것이므로, 그저 세포를 모은 것만으로는 문어나 오징어처럼 흐물흐물한 몸체로 되어버린다. 문어나 오징어는 바닷속에서 생활하고 있으므로 그래도 괜찮지만, 육지에서 생활하는 생물에게는 몸을 만들고 있는 세포군을 단단히 지탱해 줄 것이 필요하다. 그래서 동물 대부분의 몸속에는 단단한 뼈가 있다. 다만 곤충에서는 막대 같은 모양의 뼈 대신 몸 주위에 '외골격'이라고

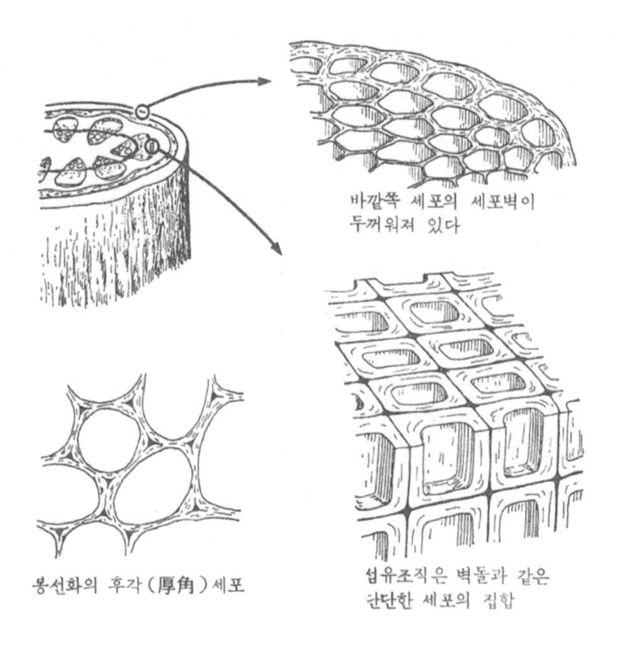

그림 2-4 | 식물의 몸은 뼈 대신 단단한 세포막으로 지탱되고 있다

불리는 껍질 같은 것이 있어서 몸을 지탱해 주는 기능을 하고 있다.

식물의 경우에는 아무리 큰 것이라도 세포가 모여 구성되고 있다는 점에서는 동물과 같으나 뼈는 없다. 그 대신 하나하나의 세포가 셀룰로스나 펙틴으로 되어 있는 단단한 세포벽으로 둘러싸여 있다. 그 때문에 세포는 연한 두부가 단단한 플라스틱 상자에 넣어진 것과 같은 상태로 그것이 무수히 많이 포개어져 식물체를 지탱하고 있다.

세포벽은 갓 태어났을 때는 아주 엷지만, 식물이 크는 데 따라서 두께

워지고 단단해진다. 특히 몸의 바깥쪽 표피 부분 세포의 세포벽은 극단적으로 두꺼워져 있으므로, 곤충의 외골격에 가까운 일을 한다. 이리하여 식물은 뼈가 없어도 몸을 지탱할 수 있게 된다.

또 나무와 같은 대형 식물은 몸속에 '섬유 조직'이라고 불리는 특별히 세포벽이 두꺼운 세포군이 형성되어 있다. 이 섬유 조직의 세포는 두꺼운 세포벽 때문에 물질이 드나들지 못하는 죽은 세포의 집합으로 되어 있다. 즉 벽돌을 겹쳐 쌓아서 접착한 것과 같은 모양의 것이 몸속에 들어 있다. 이와 같이 식물에는 뼈라고 불리는 것은 없지만, 실질적으로는 뼈와 같은 단단한 것이 몸속에 있어서 지주(支柱)의 역할을 하고 있는 것이다.

박테리아(세균류)는 식물입니까, 동물입니까?

박테리아가 식물이냐, 동물이냐를 판단하기 위해서는 먼저 식물과 동물이 어디가 다른가 하는 점을 분명히 해 두어야 한다.

극히 일반적으로 말하면, 식물과 동물의 차이는 다음의 세 가지 점에 있다.

(1) 광합성을 하느냐 하지 않느냐?

(2) 세포벽이 있느냐 없느냐?

(3) 이동 능력이 있느냐 없느냐?

이를테면 나팔꽃이나 벼, 소나무 등은 '광합성을 하고 세포벽을 가지고 있지만 이동 능력은 없다'라는 점에서 전형적인 식물이다. 한편 쥐나 사자나 사람 등은 '광합성을 하지 않고, 세포벽이 없으며 이동 능력이 있다'라는 점에서 완전한 동물이다.

박테리아의 경우는 어떨까? 대부분의 박테리아는 광합성을 하지 않지만, 그중에는 하는 것(홍색 유황균)도 있다. 세포벽이 있으면서도 이동 능력이 없는 것과 있는 것이 있다. 이와 같이 박테리아는 식물적인 면과 동물적인 면의 양쪽 형질을 전부 가지고 있는데, 현재의 생물학에서는 일단 식물에서 다루고 있다.

그러나 명확하게는 규정하기 어렵기 때문에 학자에 따라서는 생물을 식물과 동물, 둘로 나누는 것 자체에 무리가 있다 하여 생물을 식물과 동물 그리고 균류(菌類)의 셋으로 나누고, 그 균류를 다시 식물성 세균류와 동물성 세균류로 나누는 사람도 있다. 물론 이 경우 광합성을 하는 박테리아가 식물성 균류이다.

본래 많은 것을 분류하여 정리할 때는 여러 가지 방법이 있고 무리한 점도 나오기 마련이다. 예를 들면 책장의 책을 정리할 때도 소설, 참고서, 만화 등 내용으로 분류하는 방법이 있고, 연대순이나 저자별로 분류하는 방법도 있다. 이렇게 정리하다 보면 어김없이 그 가운데는 어느 쪽으로도 들어갈 수 없는 책이 나온다. 생물을 분류하는 경우도 마찬가지이다. 기생식물이나 식충식물, 연두벌레(euglena) 등이 그 예이다.

또 식물과 동물로 분류하기 전에, 생물을 원핵(原核)생물과 진핵(眞核)

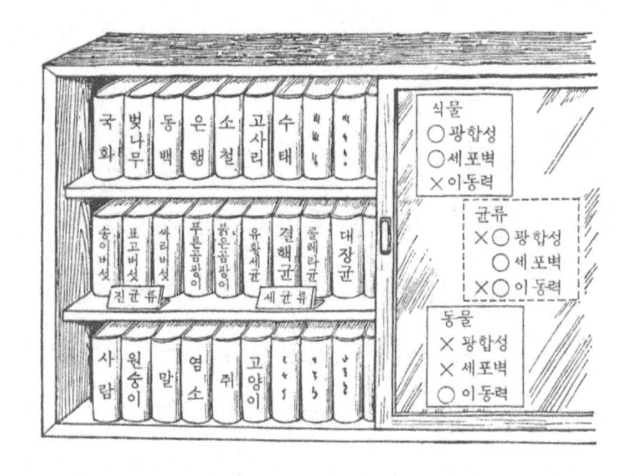

그림 2-5 | 생물의 분류 방법

생물로 나누는 방법이 있다. 전자는 세포 속에 핵물질은 있으나 핵이라는 뚜렷한 형태를 보이지 않는 것이고, 후자는 세포 속에 핵이 명확하게 갈라져 있는 것이다. 생물을 이렇게 크게 나눌 때는, 박테리아는 전자인 원핵생물로, 보통의 식물이나 동물은 진핵생물로 나눈다.

세포 속을 현미경으로 관찰하면 움직이고 있는 것이 보이나요?

세포분열 때에 핵이나 염색체가 갈라진다고 해도 그것은 몇 시간이나 걸리는 일이며, 핵으로부터 지령이 나와 있다고 하더라도 RNA와 같은 물질은 작아서 눈에 보이는 것이 아니다. 때문에 보통의 세포 속을 아무리 배율이 높은 현미경으로 관찰해도 움직이고 있는 건 아무것도 보이지 않는다.

그러나 어떤 종류의 세포에 있어서는 그 속의 세포질이 빠른 속도로 움직이고 있다. 이를테면 벼나 콩 뿌리의 근모세포를 현미경(약 500배)으로 관찰하면, 그 내부에서 혈관 속의 혈액의 흐름과 같은 움직임을 볼 수 있다. 이와 같은 세포 내에서의 세포질의 움직임을 '원형질 유동(原形質流動)' 또는 '세포질 운동'이라고 한다.

일본의 고등학교 생물 교과서에는 자주닭개비 수술 털의 원형질 유동이 예로 들어져 있는데, 근모, 꽃가루관(花粉管), 플라스코조(藻)와 윤조(輪藻) 등의 절간세포(節間細胞), 변형질(變形質) 등 여러 식물의 세포에서 이와 같은 세포질 움직임을 볼 수 있다. 예를 들어 백합의 꽃가루를 발아하게 하여 꽃가루관 속을 현미경(약 1,000배)으로 관찰하면, 홍수와도 같은 맹렬한 원형질 유동을 관찰할 수 있다. 이 꽃가루관 안의 유동은 관의 기부(基部)에서 뱅글뱅글 도는 회전 운동을 하고 있지만, 관의 중간에서는 안팎이 다른 방향 운동(관의 중심부는 앞 끝 방향으로, 벽에 접한 주변부에서는 기부로 향해서 흐르는 움직임)을, 그리고 관의 앞 끝 가까이에서는 역분수동(逆噴水動: 분수와는 반대로, 주위로부터 흘러와서 중앙부로 몰려드는 움직임)을 하고 있다(그림 2-6).

플라스코조나 윤조의 절간세포는 수 ㎝나 되므로, 중간을 끈으로 묶을 수가 있다. 이리하여 세포의 내부를 몇 개로 분단하면, 각각의 세포질 덩어리는 독자적으로 계속해서 흐른다. 이것은 원형질 유동이 혈관 속 혈액의 흐름처럼 심장이라는 펌프로 내밀리고 있는 것이 아니라, 세포질 자신이 자기 힘으로 움직이고 있다는 것을 가리키고 있다.

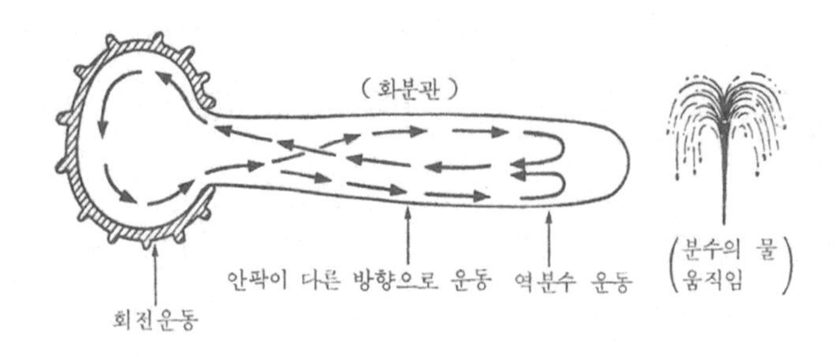

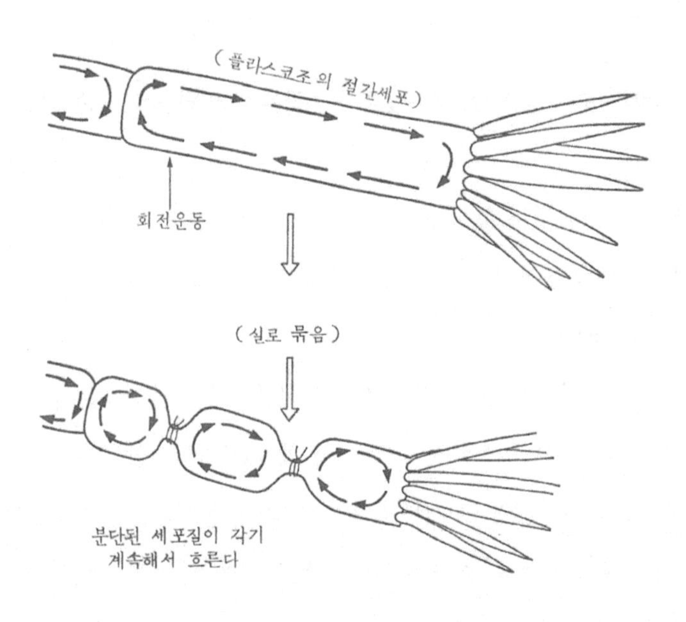

그림 2-6 | 세포 속의 것이 움직이고 있다(원형질 유동)

어째서 세포질이 이와 같이 세포 속에서 흐르게 되는가 하는 원형질 유동의 메커니즘에 대해서는 몇 가지 가설이 있기는 하지만 현재의 생물학에서는 알지 못한다. 세포질이 무엇 때문에 흐르고 있느냐 하는 원형질 유동의 목적에 대해서도 아직 잘 모른다. 유동을 볼 수 있는 세포는 극단적으로 큰 세포에 국한되며, 영양분을 세포 내의 각 부분으로 골고루 보내기 위해 (세포를 균일화시켜 두기 위해) 흐르고 있는 것이 아닐까 생각하고 있다.

요컨대 원형질 유동은 그 메커니즘도 그 목적도 알지 못하는 불가사의한 생명 현상인 것이다.

잎에는 숨 구멍이 몇 개나 있고 또 기공은 왜 여닫을 수 있습니까?

식물의 잎에 있는 숨 구멍(氣孔)은 육안으로 보이지 않을 정도로 작다. 그 크기는 대충 짐작되리라 생각하지만, 큰 것(옥수수 등)이라도 길이 25미크론(1㎜의 40분의 1), 너비 5미크론이다.

이런 작은 숨 구멍이 잎의 표면에 분산해 있는데, 그 수는 식물의 종류에 따라서 다르다. 적은 것이라도 1㎠에 1,000개 이상, 많은 것에서는 1만 개 이상이나 있다. 그 때문에 옥수수 잎 한 장에는 2억 개나 되는 숨 구멍이 있다고 한다. 이들 숨 구멍이 모두 열렸을 때는 그 총면적이 잎 면적의 1.5%나 된다.

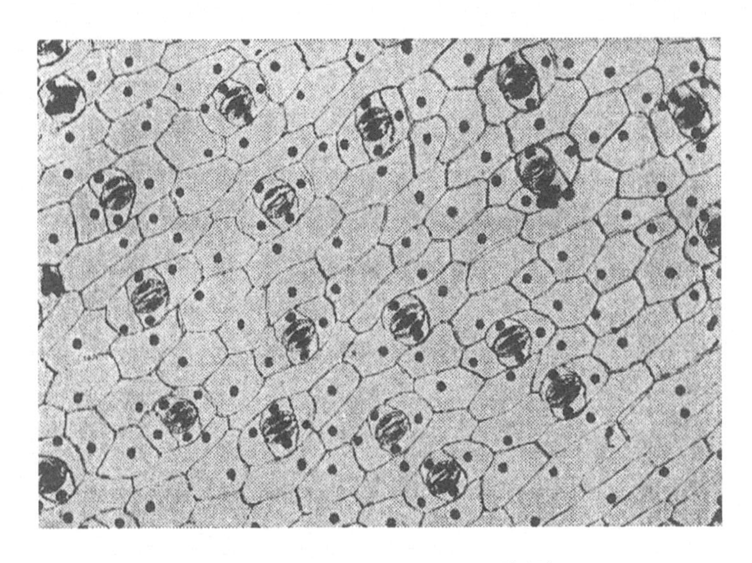

그림 2-7 | 자주닭개비 잎의 숨 구멍(기공)

다음에 숨 구멍이 왜 여닫히게 되는가 하는 것인데, 숨 구멍이 열리는 것은 숨 구멍을 구성하고 있는 두 개의 '공변세포(孔邊細胞)'의 틈이 벌어진 결과이다. 왜 틈이 벌어지느냐고 하면, 길쭉한 두 개의 공변세포가 반대 방향으로 구부러지기 때문이다. 그렇다면 왜 공변세포는 그와 같이 구부러질까? 그것은 공변세포가 물을 흡수하여 부풀기 때문이다(그림 2-8).

그런데 두 개의 세포가 물을 흡수하여 팽창하면 틈이 닫힌다고 생각하는 것이 일반적인 생각이다. 그러나 공변세포가 물을 빨아들이면 두 세포 사이의 틈(숨 구멍)이 벌어진다. 그 이유는 공변세포의 기공 쪽 세포벽이 특별히 두껍게 되어 있기 때문이다. 한쪽 세포벽만이 두꺼워진 세포가

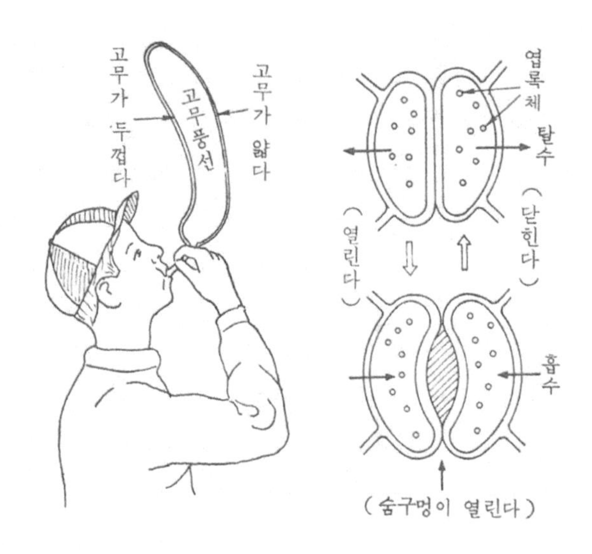

그림 2-8 | 공변세포가 물을 빨아들여 뒤로 젖혀지면 숨 구멍이 열린다

물을 흡수하면, 얇은 쪽 막이 두꺼운 쪽의 막보다 잘 늘어나기 때문에 세포가 뒤로 젖혀지는 모양이 된다. 두 공변세포가 서로 안쪽으로 구부러지면 세포 사이의 틈은 크게 벌어진다. 만약 길게 늘어나는 고무풍선에서, 일부에 고무가 두꺼운 부분이 있는 조악품이 있었다고 하고, 그것을 불어서 부풀게 하면 그 풍선은 똑바로 늘어나지 않고 한쪽으로 구부러지듯이 늘어난다. 이것을 생각해 보면 공변세포가 안쪽으로 구부러지는 이유를 알 수 있을 것이다.

여태까지의 얘기에서 공변세포가 물을 흡수하여 팽창하면 숨 구멍이 열린다는 것은 명확해졌으나, 문제는 왜 공변세포가 물을 빨아들이냐는

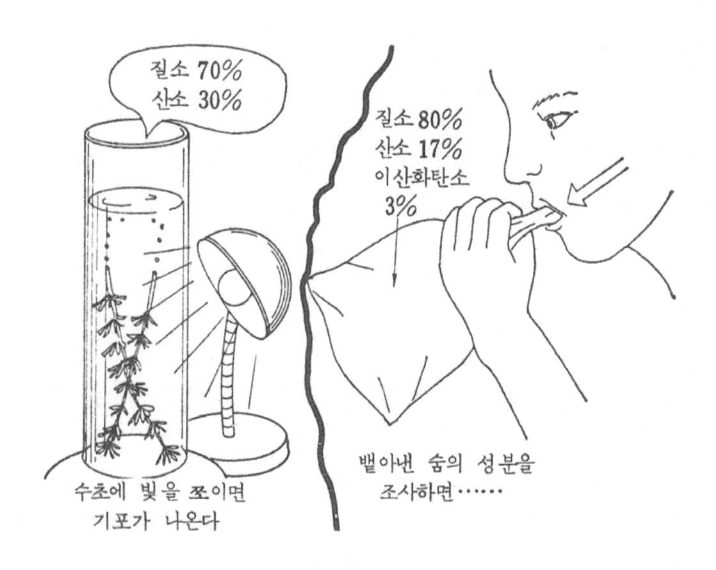

그림 2-9 | 광합성이나 호흡 때 나오는 기체의 정체는?

점이다. 이것에 대해 지금까지의 생물학에서는, "공변세포에는 엽록체가 있으므로 광합성을 하여 당이 만들어진다. 그러면 이웃 세포보다 농도가 높아지고, 그 결과로 물이 공변세포 속으로 들어온다"라고 설명하고 있었다. 그 때문에 숨 구멍은 낮에는 열리고 밤에는 닫혀 있다고 설명하면 아주 알기 쉬워진다.

그런데 생물시계 이야기에서도 나오듯이, 식물의 숨 구멍에는 야간에도 열려 있는 것이 있고 주간에도 닫혀 있는 것이 있다. 그래서 최근에는 각각의 식물이 자기의 시계(생물시계)에 따라서, 어느 시간이 되면(하루에 한 번) 세포 속의 농도를 높임으로써 흡수하여 숨 구멍을 열고 있다고 생각하게 되었다.

어쨌든 간에 식물은 이렇게 자신이 숨 구멍을 열었다 닫았다 하면서 물을 증발(증산)시키거나, 광합성에 필요한 이산화탄소를 체내로 흡수하면서 살아가는 것이다.

수초에 빛을 쬐면 기포가 나오는데, 이 기포의 알맹이는 산소입니까?

금어초 등의 수초를 유리 용기에 넣고, 그것에다 빛을 쪼이면 단면에서 작은 기포가 나오는데, 빛을 치우면 기포는 나오지 않게 되고, 빛을 쪼이면 다시 나오게 된다. 이런 현상을 보면 기포는 수초가 광합성을 할 때 발생되는 산소라고 생각하는 것이 아주 당연해 보인다.

그런데 수초가 내놓은 기포를 모아 그것을 가스 크로마토그래피 (Gas chromatography)로 분석해 보면, 약 70%는 질소이고, 산소는 기포의 약 30%라는 것을 안다. 자연의 공기 속에는 본래 약 20%의 산소가 포함되어 있으므로, 수초에서 나오는 기포의 알맹이는 산소가 아니라, 산소가 많은 공기라고 말해야 할 것이다.

고등학교의 생물 교과서를 보면, '녹색 식물은 광합성으로 이산화탄소와 물을 써서 당을 만들고 산소를 낸다'라고 쓰여 있다. 광합성의 화학 반응식도

$$6CO_2 + 12H_2O \rightarrow C_6H_{12}O_6 + 6O_2 + 6H_2O$$

(이산화탄소) (물) (당) (산소) (물)

로 되어 있다. 그러므로 수초가 광합성을 하면서 내고 있는 기포가 산소라고 생각하는 것은 무리가 아닌 이야기이다.

그런데 실제는 앞에서 말한 대로 기포의 알맹이는 산소 자체가 아니라, 자연의 공기보다 조금 더 산소의 농도가 높은 공기인 것이다. 이것은 학교에서 광합성을 가르칠 때 학생에게 알기 쉽게 하기 위해, 특히 당의 합성에 대해서만 강조해서 가르치고 있기 때문이다.

마찬가지 착각은 호흡의 경우에서도 볼 수 있다. 교과서에서 호흡은

$$C_6H_{12}O_6 + 6O_2 + 6H_2O \rightarrow 6CO_2 + 12H_2O$$

(당) (산소) (물) (이산화탄소) (물)

이라고 쓰여 있으므로, 대부분의 사람은 자기가 호흡할 때 내보내고 있는 숨이 이산화탄소라고 생각하고 있다. 그런데 입으로부터 뱉어낸 숨을 주머니에 받아 크로마토그래피로 조사하면 그 대부분(약 80%)은 질소이고, 약 17%는 산소이며 이산화탄소는 고작 3%밖에 포함되어 있지 않다는 것을 알 수 있다. 어째서일까?

그것은 우리가 빨아들인 공기 속의 산소 가운데 극히 일부만을 써서 호흡하고, 그때 나오는 이산화탄소를 공기에 섞어서 밖으로 배출하고 있

기 때문이다.

생물이 하는 광합성이나 호흡은, 큰 강의 흐름에서 극히 일부분의 흐르는 물을 써서 작은 수차를 돌리고 있는 것과 같다. 따라서 몸의 바깥으로 나오는 기체는 산소나 이산화탄소만이 아니다. 그러나 교과서에서는 광합성이나 호흡의 화학반응만을 다루어 그 내용을 설명하기 때문에, 산소와 이산화탄소만이 밖으로 나오는 것처럼 잘못 전달돼 버리는 것이다.

잎맥은 수도관이나 하수관과 같다고 말하는데 그 이유는 무엇입니까?

식물의 잎맥(葉脈)은 인간 사회에 있어서 수도관이나 하수관과 닮은 점도 있지만 틀린 점도 많이 있다.

잎맥 속에 있는 물관(導管)과 체관(篩管) 중에서 먼저 수도관과 물관을 비교해 보자. 수도관이 굵은 본관으로부터 가지가름(分枝)을 하여 차츰 가늘어지면서 각 가정으로 물을 보내고 있듯이, 물관도 줄기에 있는 큰 물관이 잎으로 들어가 가늘게 가지가름을 하면서 무수히 많은 잎 세포 하나하나에 골고루 물을 보내주고 있다. 이 점에서 둘은 매우 흡사하다.

다음에는 다른 점을 보자. 우선 관의 재질(材質)이 다르다. 수도관은 납이나 합성수지로 되어 있으나, 물관은 셀룰로스 등의 탄수화물이나 리그닌으로 이루어져 있다. 또 수도관 속의 물은 대부분이 물 자체이지만, 물관 속을 흐르고 있는 물에는 토양 속에 함유되어 있던 질소, 인산, 칼

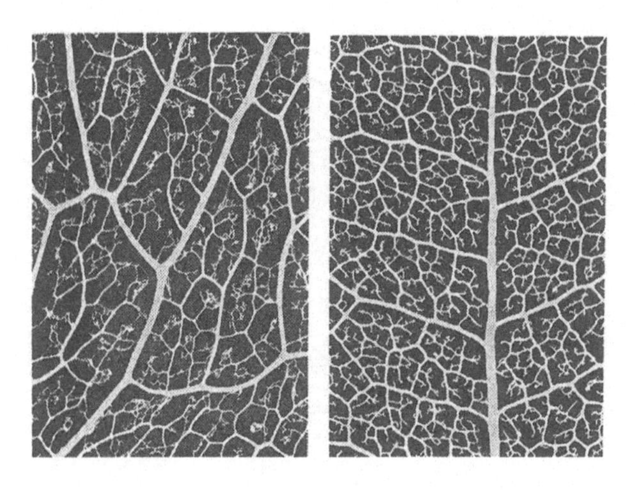

그림 2-10 | 구골나무(좌)와 물푸레나무(우)의 잎맥 배관

륨, 칼슘 등의 원소가 상당히 많이 포함되어 있다. 또 수도관의 물은 압력에 의해 밀려나지만, 물관 속의 물은 밀려나고 있는 것이 아니라, 잎 쪽으로부터 끌어 올려지고 있다.

또 물관의 경우에는 수도관처럼 그저 가지가름을 할 뿐만 아니라 도중에서 합류도 하고 있다. 때문에 물관의 일부가 절단되어도, 그 앞쪽의 세포는 다른 곳으로부터 물이 공급된다. 따라서 잎의 경우에는, 웬만한 기부의 굵은 물관이 끊어지지 않는 한 단수가 일어나지 않게 되어 있다(그림 2-10의 사진).

다음은 마을의 하수관과 잎맥 속의 체관(篩管)의 비교이다. 하수관도 체관도 위의 수도관과 마찬가지로 가지가름을 하면서 각 가정의 배수(排

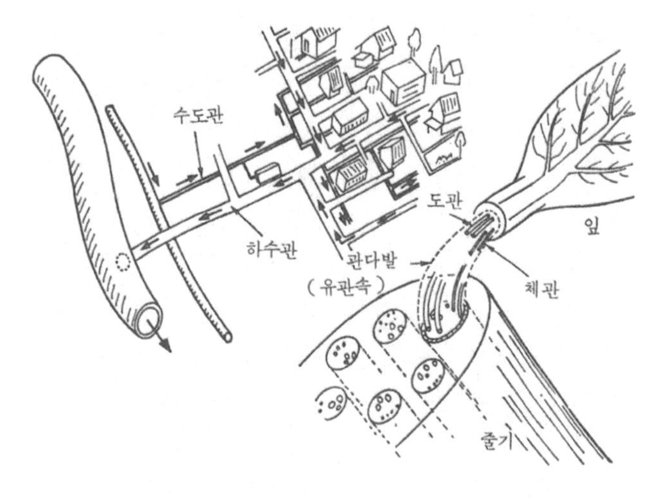

그림 2-11 | 상하수도관과 잎맥의 비교

水)를 모으도록 배관되어 있다. 하수관의 물이 수도관의 물과 반대쪽으로 흐르고 있듯이, 체관 속의 수분도 물관 속의 물과는 반대 방향으로 흐르고 있다.

이 양자의 차이점은 물관의 경우와 마찬가지로 관의 재질이 다른 것 외에도, 하수관 속의 물에는 불필요하게 된 물질이 녹아 흐르고 있는 데 비해, 체관 속의 물속에는 앞으로 뿌리나 줄기의 세포에서 쓰일 중요한 물질이 녹아들어 있다. 즉 하수관은 쓸모가 없게 된 것을 버리기 위해서 흐르고 있는 데 비해, 체관은 중요한 물질을 보내주기 위해 흐르고 있다. 또 하수관의 경우는 높은 곳에서 낮은 곳으로 향해 흐르고 있지만, 체관의 내부에는 일종의 압력이 가해져 밀려나고 있다.

또 이들 외에 상하수도관의 경우는 두 종류의 관이 각각 따로 배관되어 있으나, 식물의 경우에는 물관과 체관이 세트로 되어 있다. 이 두 종류의 관다발이 가늘게 갈라지면서 잎 전체로 퍼져 있다는 점에서도 양자의 차이가 있다.

고구마나 감자의 알은 뿌리입니까, 줄기입니까?

어느 것이 뿌리이건 줄기이건 아무래도 상관없을 듯하지만 식물학상으로는 명확히 해 둘 필요가 있다. 우선 뿌리와 줄기의 일반적인 차이를 들어, 그것에다 두 개의 덩이를 적용해 생각해 보면 저절로 뿌리인지 줄기인지가 분명해질 것이다.

1. 뿌리는 끝 쪽이 가늘어지는데 줄기는 둥글어진다.
2. 뿌리(큰 뿌리)에는 잔뿌리가 나와 있지만, 줄기는 뿌리가 나와 있지 않다.
3. 뿌리는 기부(선단과 반대쪽)로부터 싹이 트지만, 줄기는 앞쪽에서부터 싹이 나온다.

이상의 세 가지를 염두에 두고 고구마와 감자 덩이를 생각해 보자.

고구마(A) 덩이는 끝이 가늘게 뻗어 있지만, 감자(B) 덩이는 앞쪽이 둥글게 되어 있다. 고구마 덩이에는 짧은 뿌리(잔뿌리)가 많이 붙어 있으나 감자에는 뿌리가 없다. 또 고구마와 감자를 흙에 묻어 두면, 고구마는 기부 쪽에서 먼저 싹이 트지만, 감자는 앞쪽에서부터 싹이 나온다.

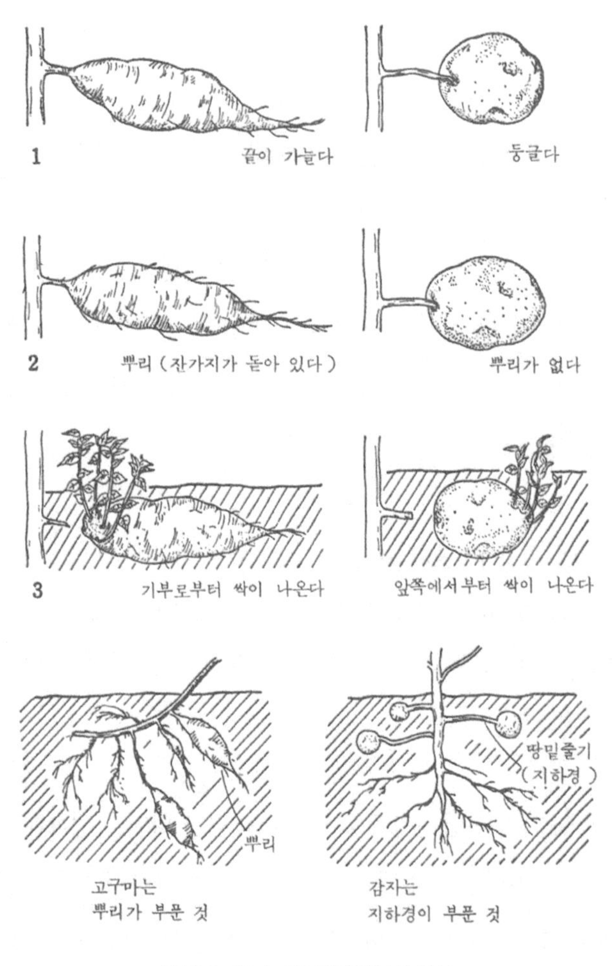

그림 2-12 | 고구마와 감자의 차이

이상으로부터 고구마 덩이는 뿌리, 감자 덩이는 줄기라는 것을 알지만, 다시 양쪽을 옆으로 고리 모양으로 잘라서 그 단면을 현미경으로 관찰하여 조사하면, 고구마는 뿌리의 관다발〔維管束〕 배열을 하고 있고, 감자는 줄기의 관다발 배열을 하고 있으므로 그것으로도 뿌리인지 줄기인지 식별할 수 있다.

꽃병에 꽂은 식물의 가지는 뿌리도 없는데 어떻게 물을 빨아들일까요?

자연의 식물은 뿌리에 붙어 있는 뿌리털(根毛)로 물을 빨아, 그 물을 줄기 속의 '물관(導管)'이라고 불리는 가느다란 관 속을 통해서 잎 쪽으로 나른 다음, 잎의 표면으로부터 공기 중으로 증발시키고 있다. 이 질문에서는 "꽃병의 식물 가지는 뿌리도 없는데……"라고 말하고 있다. 그러면 뿌리가 있으면 식물은 얼마든지 물을 간단히 빨아올릴 수 있을까? 식물 중에는 수십 m, 때로는 100m나 되는 키로 자라는 것(수목)이 있다. 확실히 뿌리털의 세포 속은 토양 속의 물보다 농도가 높아져 있으므로, 토양의 물은 자연히 뿌리털의 세포 속으로 옮겨 온다. 그러나 바깥의 물이 세포 속으로 침입하려 하는 힘은 아주 약한 것이므로, 도저히 대량의 물을 더구나 수십 m의 높이까지 밀어 올릴 수는 없다.

빌딩의 옥상에서도 수도꼭지를 틀면 물이 나온다. 이것은 펌프를 써서 물을 옥상의 수도 출구보다 더 높은 곳으로까지 밀어 올려 놓고 있기

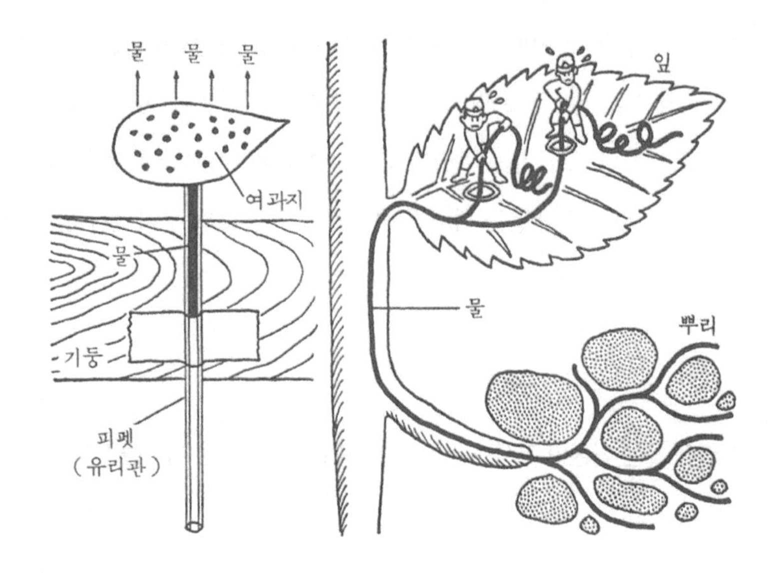

그림 2-13 | 식물체의 물은 위로부터 끌어 올려지고 있다(좌는 모델 실험)

때문이다. 그러나 식물의 몸에는 어디를 찾아보아도 펌프 같은 것은 발견되지 않는다. 그런데 어째서 식물 몸속의 물은 수십 m나 되는 높이까지 올라갈까?

이 식물의 물의 상승에 대해서는 현재의 생물학에서도 아직 완전하게 설명할 수가 없다. 다만 여러 가지 설 가운데서 비교적 믿어지고 있는 '증산응집력설(蒸散凝集力說)'을 소개하기로 한다. 그러면 왜 식물의 가지가 꽃병의 물을 빨아들이는가 하는 것도 자연히 알게 될 것이다.

과학실험에 쓰는 피펫(1~2㎖용) 또는 그것과 비슷한 모양의 가느다란 유리관을 준비하고, 그 속에 수돗물을 채운 뒤, 관상부에 잎 모양으로 자른 여과지 조각을 얹어 둔다. 이때 관 속의 물과 여과지가 밀착하게 하면, 관을 수직으로 세워도 관 속의 물은 관에서 밖으로 흘러나오는 일이 없다.

이렇게 한두 시간이 지나고 나면 유리관 아랫부분 관 속의 물이 위로 올라가 있는 것을 알 수 있다. 또 시간이 지남에 따라 물은 점점 더 위쪽으로 올라가고, 마지막에는 관 속의 물이 완전히 없어져 버린다. 이것은 여과지의 표면으로부터 물이 증발할 때, 물은 분자 간의 결합력이 크기 때문에 도중에서 끊어지지 않고 연달아 여과지 쪽으로 끌어당겨진 것이다.

식물의 몸(줄기)에는 길쭉한 물관이 있다. 뿌리에서 들어온 물은 이 물관으로 들어가는데, 물관의 앞 끝은 잎으로 들어가 그 선단 가까이에서 증발한다(잎으로부터 물이 증발하는 것을 증산(蒸散)이라고 한다). 그러면 앞에서 한 유리관 실험의 경우와 마찬가지로, 물관 속의 물은 연달아 잎 쪽으로 끌어당겨지는 것이다. 이것이 '증산응집력설'이다.

요컨대 식물 몸속의 물은 밑에서부터 밀어 올려지고 있는 것이 아니라, 위로부터 끌어 올려지고 있는 것이다. 식물체 내의 물의 상승을 이렇게 생각하면 꽃병에 꽂은 식물의 가지가 뿌리가 없는데도 꽃병의 물을 빨아올리는 이유를 알았을 것이다.

식물의 몸속에 시계가 있다는 말은 정말입니까?

식물의 몸속에도, 동물의 몸속에도 시계(시간의 경과를 아는 것)가 있

그림 2-14 | 식물체 속에도 시계(생물시계)가 있다

고, 지금은 그 생물시계(生物時計)를 전문으로 연구하는 '시간생물학'이라는 학문까지 있다.

예로부터 잠풀(미모사), 헬리오트로프(heliotrope), 누에콩(잠두) 등의 잎이 낮에는 열리고 밤에는 닫힌다는 사실이 밝혀지고, 식물도 밤에는 자는(睡眠運動을 한다) 것으로 알려져 있었다.

그런데 18세기가 되자 프랑스의 드 메란과 듀아멜은 이들 식물 잎이 암흑 속에서도 낮이 되면 열리고, 밤이 되면 닫히는 운동을 한다는 것을 발견했다. 그들은 밤에는 기온이 내려가기 때문에 닫히는 것이 아닐까 하고 생각하여, 밤중에 난로를 피워 실내 온도를 높여 보았으나 그래도 식물의 잎은 밤이 되면 닫혔다. 이렇게 하여 차츰차츰 식물의 몸속에는 시계가 있고, 식물은 시간의 경과에 따라서 행동하고 있는 것으로 생각하게 되었다.

좀 더 실제의 예를 들어 보기로 하자. 식물의 잎 표면에 있는 숨 구멍은 비교적 최근까지, 태양빛에 닿으면 공변세포가 광합성을 하여 당이 증가하고, 삼투압이 높아져서 흡수(吸水)하므로 열린다고 생각되고 있었다. 즉 숨 구멍도 낮에는 열리고 밤에는 닫히는 것으로 생각하고 있었다. 그런데 이 숨 구멍이 여닫히는 것도 잎이 여닫히는 것과 마찬가지로 암흑 속에서도 규칙적으로 열렸다 닫혔다 하는 것을 알았다.

자연의 식물에 대해 살펴보면, 누에콩이나 자주닭개비의 숨 구멍은 낮에는 열려 있는데, 열기 시작하는 시각은 아직도 캄캄한 한밤중인 한두 시이다. 또 밤 9시경에 조사하면 3분의 1에 가까운 식물의 잎 숨 구멍은 이 시간에도 아직 열려 있다. 또 난과 식물인 카틀레야(Cattleya)의 일종처럼 완전히 밤낮이 역전해서, 낮에는 숨 구멍이 열리고 밤에는 닫혀 있는 것도 있다.

숨 구멍이 열리는 목적 중 하나는, 광합성의 재료로서 이산화탄소를 잎 속으로 운반해 들이는 일인데, 식물은 그 종류에 따라 어떤 것은 낮에 숨 구멍을 열어 들이고, 어떤 것은 오후, 또 어떤 것은 한밤중에 들이는 식으로 각각 여닫는 시간이 다르게 되어 있다. 이것은 인간 사회에서도 '언제 공장으로 재료를 운반하는지'가 각 공장에 따라 정해져 있는 것과 같다. 도로가 덜 붐비니까, 그래서 한밤중에 문을 열어 재료를 운반해 들이는 공장이 있는 것과 같이 식물에도 여러 가지가 있다.

어쨌든 식물의 몸속에는 시간의 경과를 아는 시계가 있다는 것이 밝혀지고 있다. 이 시계를 '생물시계' 또는 '체내시계'라 부르고 있는데, 핵심인 시계의 정체에 대해서는 아직도 잘 알지 못하고 있다.

생물체 내의 시계는 적어도 우리가 쓰고 있는 기계 같은 것은 아니다. 그 시계는 단세포 생물인 연두벌레(유글레나)에도 있는(예: 이것을 빛이 닿는 곳에 두면 하루에 일정한 시간만 광합성을 한다) 것으로 알고 있으며, 그것은 세포 속에 있는 매우 작은 것으로 특수한 단백질로 만들어져 있다고 생각되고 있다.

해바라기는 정말로 태양을 쫓아 돌아갑니까?

해바라기를 영어로 'sunflower'라고 부르니까 태양과 특별히 관계가 깊은 식물인 것 같다. 우리는 '해바라기'라는 말을 들으면, 이글이글 불타는 한여름의 태양 아래 피어 있는 저 노란색의 꽃을 생각한다. 그런데 "해바라기 꽃이 태양을 쫓아 돌아가느냐?"라는 질문의 대답은 "아니다"라는 것이다.

집 밖에 있는 해바라기 꽃은 반드시 남쪽으로 고개를 돌리고 있으므로 흡사 태양을 향하고 있는 듯해 보인다. 그러나 조금만 주의해서 관찰하면 아침, 낮, 저녁, 밤에도 해바라기 꽃은 같은 방향을 향해 피어 있고, 태양과 더불어 움직이는 일은 없다.

그런데, 아직 꽃도 달려 있지 않은 어린 해바라기에 대해 관찰하면,

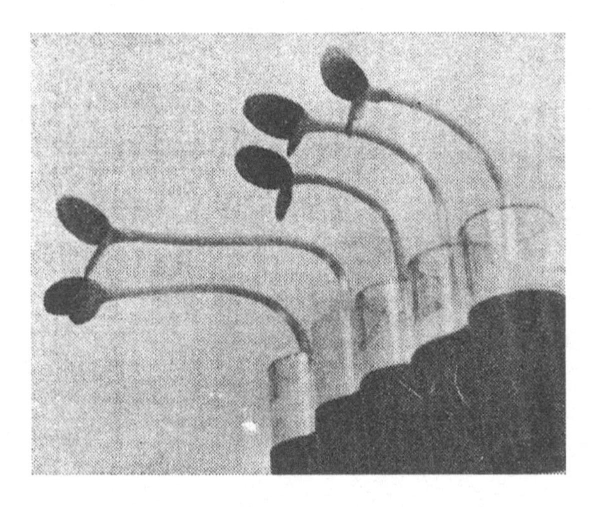

그림 2-15 | 빛이 오는 방향으로 구부러지는 해바라기의 발아

잎의 끝부분이 아침에는 동쪽, 낮에는 남쪽, 저녁에는 서쪽으로 향하고 있는 것을 볼 수 있다. 이와 같은 현상은 아주 어린 떡잎 무렵의 해바라기에서도 볼 수 있고, 꽃 피기 전의 녹색 봉오리에서도 볼 수 있다. 즉 해바라기 꽃은 태양을 좇아가지 않지만, 어린 해바라기의 잎끝 부분이나 녹색 봉오리는 태양을 좇아간다.

〈그림 2-15〉는 어두컴컴한 방에 해바라기의 싹이 튼 것을 두고, 옆(좌)에서부터 강한 빛을 쪼이기 시작하여 4시간 후의 상태인데, 해바라기의 앞 끝은 완전히 빛 쪽을 향하고 있다. 이렇게 해서 고개를 구부린 해바라기를 싱크로나이즈 모터를 써서, 24시간에 1회전의 속도로 회전시켜 보면, 싹 끝이 언제 보아도 빛 쪽을 향하고 있다. 이렇듯 싹이 튼 것은 빛

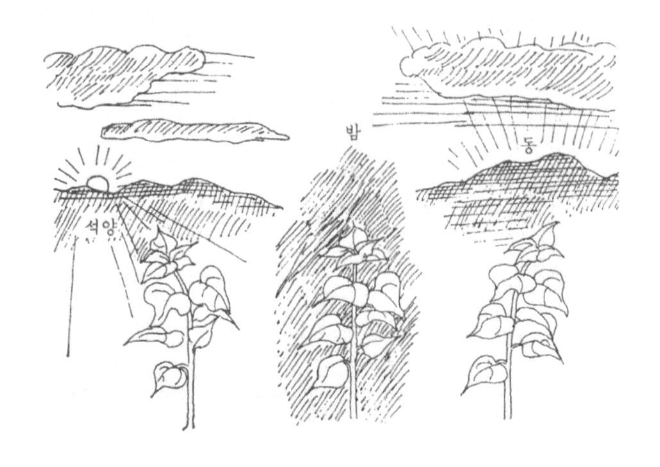

그림 2-16 | 해바라기는 밤 동안에 동쪽을 향해서 해돋이를 기다리고 있다

을 좇아갔기 때문이라 볼 수 있다. 그러나 모터의 회전을 12시간 동안 한 번 회전하면 해바라기는 빛을 좇아가지 못하게 된다.

이렇게 빛을 좇아가는 해바라기에는 한 가지 이상한 일이 있다. 앞에서 말했듯이, 집 밖의 해바라기(꽃이 아니고 줄기 끝)는 아침부터 저녁까지 태양을 좇아가지만, 저녁에 태양이 서산으로 지게 되면, 이번에는 캄캄함 속에서 조용히 동쪽으로 되돌아가기 시작한다. 그리고 아침까지는 완전히 동쪽을 향하여 어둠 속에서 태양이 동쪽에서 올라오는 것을 기다리고 있다.

해바라기가 이렇게 해서 밤중에 서에서 동으로 향해 움직이는 것은 하나의 습관 같은 것인데, 도대체 해바라기는 무엇 때문에 태양을 좇아가는 것일까? 사실은 해바라기에게 물어보지 않으면 알 수 없는 일이지만, 상상하건대 해바라기는 다른 것에 비해 특히 성장이 빠른 식물이므로 광합성을 하여 많은 양분을 만들어야 할 필요가 있다. 그래서 해바라기는 늘 태양을 향해 잎을 돌려 능률적으로 광합성을 하려 할 것이다. 꽃이 달려도 봉오리인 동안은 녹색을 하고 있으므로 광합성이 가능하다. 그러나 꽃이 되고 나면 황색이나 갈색으로 바뀌어 버리기 때문에 광합성을 할 수가 없다. 따라서 노랗게 된 꽃은 더 이상 태양을 쫓아가야 할 이유가 없다.

새처럼 하늘을 나는 식물도 있습니까?

언제나 하늘을 날면서 생활하고 있는 식물이란 없다고 말해도 될 것이다. 다른 항목에서도 말했듯이, 식물은 태양빛을 통해 생활에 필요한 물질을 만들어 살고 있다. 따라서 식물은 본래 동물처럼 날아다니거나 뛰어다닐 필요가 없다.

그러나 식물이 절대로 하늘을 날지 않는 것은 아니다.

특히 광합성을 하지 않는 균류와 같은 것은, 동물이나 식물의 몸에 빌붙지 않으면 안 되므로 공기 속을 날아서 이동한다. 식품이 여름에 금방 썩는 이유는 공기 속을 떠돌아다니는 세균류와 곰팡이의 포자(胞子) 등이 식품에 붙어서 그것을 분해하여 번식하기 때문이다.

고등한 식물은 일반적으로 흙 속에 뿌리를 뻗고 있으므로 그 자체가

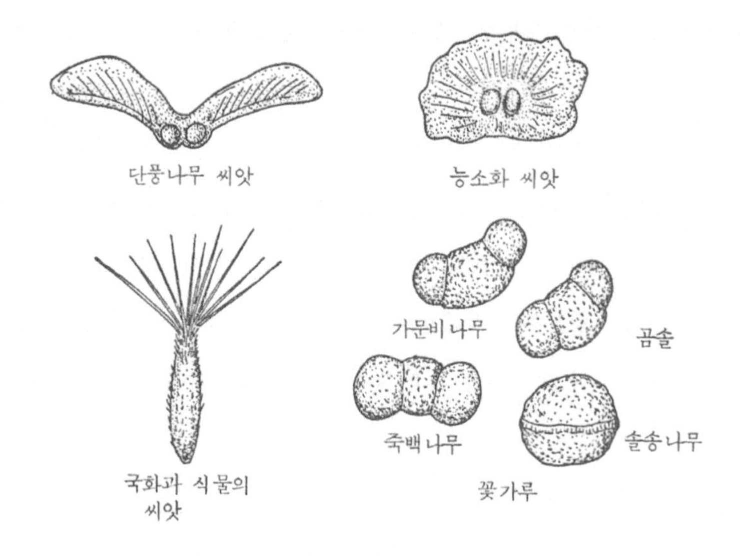

그림 2-17 | 하늘을 나는 씨앗과 꽃가루

나는 일은 없다. 그러나 양치류나 이끼류의 포자와 종자식물의 꽃가루와 일부 씨앗은 공기 속을 잘 날아간다. 이를테면 5월경에 옥외에다 슬라이드 글라스를 두었다가 24시간 후에 그것을 현미경으로 관찰하면, 많은 날에는 손끝만 한 면적에 300~400개나 되는 꽃가루가 떨어지는 것을 볼 수 있다. 높은 빌딩의 옥상이나 타워의 전망대와 같이 높은 곳의 공기 속에도 꽃가루와 포자가 많이 함유되어 있다는 것이 알려져 있다.

씨앗 중에는 행글라이더나 헬리콥터의 날개 같은 것을 갖고 있어 멀리까지 날아가는 것도 적지 않다. 〈그림 2-17〉은 날기 쉬운 모양을 한 씨앗이나 꽃가루의 보기이다. 화산활동으로 새로이 바다 위에 생긴 섬에 몇 해가 지나면 많은 식물이 돋아나는 것은 씨앗이 하늘을 날거나 바닷물에 실려 섬에 다다르기 때문이다.

식물의 냄새는 자연 속에서 어떤 작용을 하고 있습니까?

한마디로 식물의 냄새라고 하지만 거기에는 꽃 냄새가 있는가 하면, 줄기나 잎에서 나오는 냄새도 있고 또 뿌리에서 나오는 냄새도 있다.

먼저 꽃 냄새에 대해서 말해보자. 꽃에서 나오는 냄새는 곤충을 유인하는 기능을 지니고 있다. 곤충류가 꽃 냄새에 끌려 꽃으로 다가오면 그 곤충의 몸에 묻어 있던 꽃가루가 암술에 붙는다. 암술에 꽃가루가 붙으면 씨앗이 되기 때문에 꽃 냄새는 자손을 번영시키는 데 도움을 준다.

그런데 꽃에는 약모밀이나 거지덩굴 등과 같이 남이 싫어하는 냄새를 내는 것이 있다. 세계에서 제일 크다고 일컬어지는 라플레시아(rafflesia arnoldia)의 꽃도 썩은 살코기 같은 냄새를 낸다고 한다. 그러나 벌레 가운데는 인간이 싫어하는 냄새를 좋아하는 것도 있으므로 조금도 상관할 바 없다. 오히려 우리가 좋은 냄새라고 생각하는 것은, 우연히도 인간이 어떤 종류의 곤충과 같은 냄새를 좋아하는 것으로 생각하는 것이 좋겠다.

다음에는 잎과 줄기, 뿌리의 냄새가 지니는 역할에 대해 말해보자. 여기에 관한 내용은 일본뿐만 아니라 서구(西歐)의 생물학 책에도 한마디도 언급이 없다. 그러나 소나무는 소나무, 삼나무는 삼나무의 특유한 냄새가 있고, 고추냉이, 마늘, 양파, 부추, 무 등은 뇌를 탁 쏘거나 눈물이 나올 만큼 강한 냄새를 풍긴다. 자연은 결코 쓸데없는 일은 하지 않으므로, 식물의 채취라고도 하는 이들의 냄새는 반드시 어떤 역할이 있을 것이다.

소련의 토킨은 40년이나 전에, 식물은 몸에서 여러 가지 물질을 내어 그것으로 자기의 몸을 소독하며 산다고 생각하고 있었다. 확실히 자연계의 식물은 박테리아(세균류)가 가득 차 있는 흙 속에서 아무렇지도 않은 듯이 뿌리를 뻗고 있으며, 가지를 꺾거나 잎을 뜯어도 그 상처가 썩지 않고 자연히 낫는다. 그러나 식물이 박테리아를 죽이는 어떤 물질을 분비하면서 살고 있다는 것을 생각하면 이러한 현상은 조금도 이상할 것이 없다.

식물의 잎이나 줄기에서 휘발하는 냄새 물질(그중에는 인간의 코에 느껴지지 않는 것도 있다)이 살균력을 갖고 있다는 것은 여러 가지 실험으로 증명되고 있다. 플라스틱 용기 속에 떡을 넣고, 구석에 간 고추냉이를 약 1g을 넣어 두 달 동안 두었을 때, 아무것도 없는 쪽의 떡은 곰팡이 투성이인데도 고추냉이가 들어 있던 용기 속의 떡에는 곰팡이가 전혀 피지 않았다.

식물의 몸에서 나오는 물질은 균류뿐만 아니라 작은 동물이나 자기 이외의 식물에 대해서도 그것을 죽이는 작용을 나타낸다. 이를테면 유리병에 초파리를 넣고 고추냉이나 마늘이나 레몬의 껍질 등을 잘게 썬 것을 가제로 싸서 매달아 두면, 얼마 후 초파리는 병 바닥으로 툭툭 떨어져 죽는다. 이것이 냄새 물질에 원인이 있다는 것은 식물 그리고 절편과 함께 탈취제(脫臭劑)인 활성탄(1g)을 넣어 두면 초파리가 죽지 않는 것으로도

그림 2-18 | 레몬의 냄새 (가제 속에 1g의 레몬 껍질이 들어 있다) 때문에 죽은 초파리(좌)와 레몬과 활성탄을 같이 넣었을 때의 초파리(우)

그림 2-19 | 고추냉이 (1g/1 ℓ)의 냄새 속에서 죽은 바퀴벌레

알 수 있다(그림 2-18).

바퀴벌레나 도롱뇽, 쥐조차도 이 식물들의 냄새 속에 두어 두면 죽는 것이 확인되었다. 또 양파와 마늘의 냄새는 차(茶)나무의 꽃가루에 독특한 상해(傷害)를 준다. 상해의 정도는 200킬로뢴트겐(유리창을 갈색으로 바꿔버릴 만한 초고선량)의 감마선(방사선의 일종)의 영향과 같은 것으로 알려져 있다.

이상의 여러 가지 실험 결과로부터 나는, '식물체의 냄새는 그들이 오랜 진화 과정에서 몸에 지니게 된 자위를 위한 무기'라 생각하고 있다.

또 위에서 말했듯이, 꽃 냄새는 곤충을 유인하여 꽃가루받이를 함으로써 씨앗을 만드는 데 활용되고 있고, 과실의 냄새는 동물에게 먹히어 자손(씨앗)을 퍼뜨리는 데 도움을 주고 있다.

자생민들레는 왜 서양민들레에 내몰리고 있습니까?

전쟁 전의 일본에는 자생민들레만이 돋고 있었는데, 20년쯤 전부터 갑자기 적어지고 대신에 서양민들레가 늘어났다. 요즘 도회지에서 볼 수 있는 민들레는 대부분 서양민들레이다.

자생민들레나 서양민들레도 노란 색깔의 꽃을 피우고 씨앗을 만들어 번식하는(유성생식을 한다) 외에, 뿌리를 몇 토막으로 잘라 흙에 묻어 두면 잘린 뿌리 끝이 각각 민들레가 된다(무성생식). 그 때문에 민들레는 황

그림 2-20 | 자생민들레는 줄어들고 서양민들레가 증가하고 있다

무지에서도 잘 번식하는데, 여기서 문제가 되는 것은, 전국 각지에서 왜 서양민들레가 자생민들레 대신 자꾸 불어나고 있느냐 하는 것이다.

그 첫째 원인은 꽃을 피우는 방법에 있다. 자생민들레는 씨앗이 싹을 트고서부터 꽃이 피기까지에는 수년이 걸리는데, 서양민들레는 그해 안에 꽃을 피우고 씨앗을 만들기 시작한다.

둘째로, 자생민들레는 이른 봄에만 꽃을 피우고 여름이 되면 꽃을 피우지 않는다. 그런데 서양민들레는 일 년 내내 성장하면서 연달아 꽃을 피우고 씨앗을 만든다.

셋째로, 자생민들레는 자가불화합성(自家不和合成)을 가지고 있어 자기의 꽃가루가 암술에 묻어도 씨앗이 생기지 않는다. 그러나 서양민들레는 자가불화합성이 없기 때문에 자기의 꽃가루론 씨앗을 만들 수가 있다.

그 때문에 자생민들레는 자기 근처에 몇 그루의 자생민들레가 없으면 씨앗이 만들어지지 않지만, 서양민들레는 한 그루가 외톨박이로 떨어진 곳에 나 있어도 씨앗을 만들 수가 있다.

서양민들레는 이상과 같이 자생민들레보다 번식하기 쉬운 성질을 많이 지니고 있다. 보기에는 서양민들레가 자생민들레를 몰아내고 있는 듯이 보이지만, 실제는 인간이 택지나 도로를 만들어 자연의 벌판을 파괴하고 있기 때문에, 자생민들레는 그 거센 환경 변화를 따라가지 못하여 자취를 감추고 있는 것이다. 한편 서양민들레는 그런 변화를 이겨 내 자손을 남길 수가 있다.

자생민들레가 줄어들고 서양민들레가 급격히 증가하고 있는 것은 식물에 원인이 있는 것이 아니라 우리 인간에게 원인이 있는 것이다.

잡초에는 어떤 종류가 있으며, 그 기원과 성질에 대해 가르쳐 주십시오

인간의 농경 작업 중에 목적하는 작물 이외의 식물이 논밭에 돋았을 때, 그 식물을 '잡초'라고 한다. 보통 밭에서 재배되고 있는 작물일지라도, 그것을 목적으로 하지 않는 밭에 자연적으로 돋아났을 때는 그 식물도 잡초로 치게 된다. 따라서 이러이러한 식물이 잡초라고 일률적으로 결정할 수는 없겠으나, 보통 잡초로서 밭에서 생기는 식물은 300~400종에 이른다.

이들 잡초가 어느 무렵 어디에서 일본으로 왔느냐는 것은 지금에 와서는 확실하지 않으나, 일본 신석기시대인 새끼줄무늬시대(조몬시대: 繩文時代)의 흙 속에서 환삼덩굴, 닭의장풀, 여뀌, 개비자, 명아주 등의 씨앗이 발견되어 있으므로, 이런 것들은 일본 고유의 잡초라고 해도 될 것이다.

외국으로부터 일본으로 들어온 귀화식물(歸化植物)임이 확실한 잡초는 다음과 같은 것이 있다.

> 쇠서나물, 갈퀴덩굴, 벌노랑이, 뚝새풀, 강아지풀 등은 유라시아 원산,
> 방가지똥, 새완두, 살갈퀴, 얼치기완두, 봄여뀌 등은 유럽 원산,
> 자리공, 자운영은 중국 원산,
> 보리뱅이, 딱쑥, 도꼬마리, 밭뚝외풀, 좀가지풀, 여우구슬, 개비름, 산여뀌, 그령, 수크령 등은 동남아시아 원산이다.
>
> — 누마다(沼田眞)의 『잡초의 과학』에서—

이 식물들은 아주 오랜 시대에 일본으로 건너와서 정착한 것이지만, 비교적 최근에 아메리카 대륙 등에서 건너온 잡초의 귀화식물로는 다음과 같은 것이 있다.

> 큰달맞이꽃, 돼지풀, 개보리, 큰개여뀌, 애기수영, 괭이밥, 미역취, 개쑥갓.

귀화식물 중에는 사람이 목초나 사료로 가져온 것(보기: 자운영, 메귀

리), 약용이나 식용으로 가져온 것(보기: 돼지감자), 관상용으로 가져온 것(보기: 큰달맞이꽃), 짐짝 등에 씨앗이 붙어 자연히 들어온 것(보기: 돼지풀) 등 여러 가지가 있다.

잡초류는 일반적으로 번식력이 강한데, 한 예로 명아주는 한 그루에서 3만 개나 되는 씨앗이 만들어진다. 또 고온과 건조에 강한 이형 식물의 것이 많고 성장력도 강하다.

지구의 과거사를 알 수 있다는 화분분석이란 어떤 학문입니까?

화분분석이라고 하면 꽃가루의 성분을 화학적으로 분석하는 것이라고 생각하는 사람이 많을지 모르겠다. 그러나 화분분석이란 화학분석이 아니라 오래된 흙 속에 함유된 꽃가루의 양이나 종류를 분석하는 것으로 그것에 의해 지구상에 있었던 과거의 여러 가지 일을 알 수 있다.

화분분석의 내용에 대해 설명하기 전에 왜 흙 속에 꽃가루가 있느냐는 것에 대해 말하기로 하자. 꽃가루는 일종의 세포이기 때문에 그 속에는 세포질이 있고 핵이 있으며 세포막도 있다. 또 세포막 바깥쪽에 세포벽[꽃가루의 경우는 내벽(內壁)이라고 한다]도 있다. 이렇게 꽃가루는 일반적인 식물의 세포와 흡사한데, 다른 점은 세포벽 바깥쪽에 또 단층의 '외벽(外壁)'이라고 불리는 막이 있다는 것이다.

이 단단한 꽃가루의 외벽에는 두 가지 특징이 있다. 하나는 식물의 종

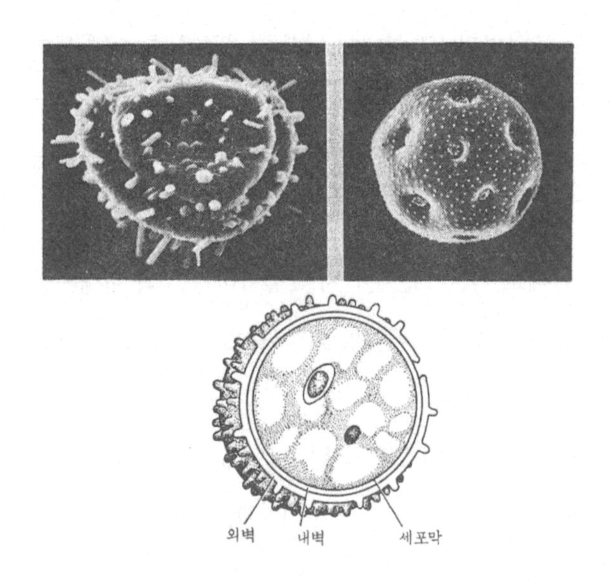

그림 2-21 | 꽃가루의 외벽에는 무늬가 있다(좌상-수련, 우상-패랭이꽃)
무늬 부분은 매우 분해되기 어려운 물질로 이루어져 있다(하)

류마다 다른 형태의 들쭉날쭉한 무늬(조문=彫紋)가 있다는 점인데, 그 무늬를 조사하면 어떤 식물의 꽃가루인지 곧 알 수 있다.

두 번째는 외벽이 화학적으로 대단히 안정되어 있다는 점이다. 이를테면 무엇이든 거의 녹여버리는 왕수(王水)나 플루오르산 속에 넣어 두어도 꽃가루의 외벽은 분해되지 않는다. 그 때문에 꽃가루가 꽃에서 나와 지표로 떨어져 빗물에 씻겨 내려가 흙 속에 묻혀 오랜 세월을 지나도 외벽은 흙 속에 그 모습을 남기고 있다.

이 꽃가루의 외벽에 특징적인 무늬가 있으므로, 오래된 지층의 흙 속의 꽃가루를 조사하면, 그 시대에 어떤 꽃가루가 흙 속에 들어 있었는지 알게 된다. 이것이 화분분석에서 하는 일이다.

화분분석으로 꽃가루의 수와 종류를 조사하면, 우선 그 지방의 과거 식생(植生: 어떤 식물이 어느 정도 번성하고 있었는가)을 알 수 있다.

그리고 둘째로 식물에는 온난지를 좋아하는 것과 한랭지를 좋아하는 경우가 있으므로, 그러한 식물의 꽃가루를 조사함으로써 과거 지구의 기후 변화를 알 수가 있다.

셋째로는 인류 역사의 일면을 알 수가 있다. 이를테면 3,000년 전의 지층에서 갑자기 수목의 꽃가루가 없어지고, 벼나 메밀의 꽃가루를 볼 수 있게 된다면, 3,000년 전에 인류가 그 지방으로 들어왔고, 삼림을 불태워 농경 작업을 시작했다고 추측할 수 있다.

넷째로 화분분석은 지하자원의 개발에 도움이 된다. 예를 들어 1억 년 전의 백악기에 무성했던 아키라포레니테스라는 식물의 꽃가루가 함유되어 있는 지방의 흙 속에는 석유가 매장되어 있을 가능성이 짙다고 말하고 있으므로, 이 꽃가루를 확인하면 지하자원을 찾아낼 수 있다.

이 밖에 유적 속의 꽃가루를 조사하거나, 옛 시대의 동물의 위 속에 든 꽃가루를 조사함으로써 지난날의 여러 가지 일을 알 수 있다. 화분분석은 식물학, 지학, 고생물학, 기상학, 역사학, 인류학, 나아가서는 현대의 산업과도 관계가 있는 오늘날 화젯거리가 되는 학제적(學際的)인 학문이라 하겠다.

잎에다 사진을 인화하는 원리와 방법을 가르쳐 주십시오

카메라로 사진을 찍을 때, 우리는 먼저 필름이 든 카메라를 사람이나 피사체 쪽으로 돌려 셔터를 누른다. 셔터를 누른다는 것은 극히 짧은 시간 동안 필름에 빛(명암)을 쪼이는 일이다. 다음으로는 이렇게 노광시킨 필름을 현상하는데, 현상이 끝난 필름을 보면 실제 사람이나 풍경과는 명암과 색채가 반대로 되어 있다. 이를테면 흑백 필름에서는 흰 모자 부분은 검고, 검은 구두 부분은 투명하게 되어 있다.

이 필름을 인화지 위에다 놓고 위에서 빛을 쪼이면 필름의 검은 부분

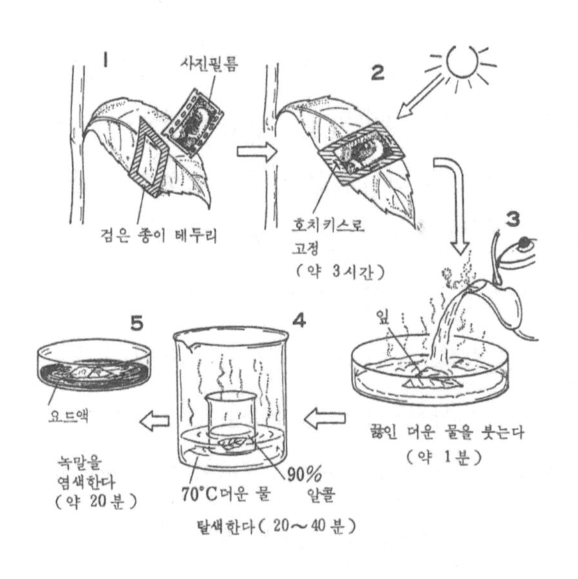

그림 2-22 | 잎에다 사진을 구워 붙이는 방법

그림 2-23 | 큰달맞이꽃의 잎에 찍힌 피카소의 뮤즈 그림

에 빛이 통하지 않아 희어지고 투명한 곳은 빛이 통과하기 때문에 검게 되어, 결국 본래의 인물이나 산의 모습이 거기에 나타난다. 이렇게 만들어진 것이 우리가 앨범에 붙여 두고 있는 사진이다.

자연 속에서 생활하고 있는 식물은 잎에서 태양빛을 받아 광합성을 하고 있는데, 잎 표면에 사진필름을 밀착시켜 두면 어떻게 될까? 필름의 투명한 곳에는 빛이 통과하기 때문에 그 밑에서는 광합성이 이루어진다. 그러나 필름의 검은 곳은 빛이 통하지 않기 때문에 그 밑부분의 잎은 광합성을 하지 않는다. 즉 광합성을 한 곳에는 녹말이 생기고 하지 않는 곳에는 녹말이 생기지 않는다.

이렇게 해서 빛을 쪼인 잎을 아이오딘으로 염색해 보면 녹말이 만들어진 곳은 검게(흑갈색으로) 되고, 광합성을 하지 않는 곳은 검게 되지 않기 때문에 잎 표면에 사진의 모습이 나타난다.

이것이 식물 잎에 사진을 인화하는 원리인데, 실제의 방법은 우선, 실험할 전날 저녁에 검은 주머니를 식물(달맞이꽃, 칡, 나팔꽃 등)의 잎에다 씌운다. 이렇게 해 두면 식물은 그날 만든 녹말을 줄기나 뿌리 쪽으로 내보내고, 이튿날 아침에 태양이 올라와도 광합성을 할 수 없기 때문에 당이나 녹말을 만들지 않는다.

아침 9시나 10시쯤에 검은 종이를 벗겨 내고 잎 표면에 사진필름을 얹고 주위를 검은 종이로 감싸 스테이플러로 고정해 둔다. 이렇게 한 잎을 태양에 쬐어 서너 시간 동안 광합성을 시킨다.

12시나 1시쯤에 잎을 따서 그것에다 끓인 뜨거운 물을 붓고, 뜨거운 물속에 1분쯤 두었다가 90%의 알코올(70℃로 한 것) 속에 넣으면, 잎은 엽록소를 상실하여 백색으로 된다. 이 잎을 아이오딘액(약국에서 팔고 있는 요오드팅크를 홍차 같은 색깔이 되게 물로 묽게 한 것) 속으로 옮기면, 약 20분 후에 녹말이 생성된 곳만이 흑갈색으로 물들어 사진의 모습이 나타난다.

〈그림 2-23〉의 사진은 피카소의 '뮤즈'를 흑백사진으로 찍어 그 필름을 큰달맞이꽃 잎에 인화한 것이다. 흑백 필름을 사용하는 것이 선명하게 나타나지만 컬러 필름도 쓸 수 있다.

3장

식물의 섹스 세계

식물에도 생식기가 있습니까?

물론 식물도 생식기(生殖器)를 가지고 있다. 생식이란 '자손을 남기는 일'이므로, 생식기는 자손을 남기기 위한 기관이다. 식물의 새끼 즉 씨앗을 만드는 기관은 꽃이므로, 꽃이 식물의 생식기관인 것이다.

꽃이라고 하면 예로부터 아름다운 것, 사랑스러운 것의 대명사처럼 다루어져 왔다. 인간은 예로부터 꽃을 좋아했던 모양으로, 옛날의 가사(歌辭)에도 꽃을 읊은 노래가 많지만, 구인(舊人)인 네안데르탈인들조차 꽃을 사랑했던 것으로 생각되고 있다.

현재의 우리도 꽃을 되도록 가까이 두려 하고, 꽃 냄새를 맡거나. 꽃 속을 들여다보는 것을 즐기고 있다. "그 꽃이 곧 생식기다"라고 말하면,

그림 3-1 | 식물은 물구나무서기를 하고 있다 — 꽃은 식물의 생식기

좀 야릇한 기분이 될지 모르겠지만 사실은 사실이다. 옛날 서양의 어느 과학자가 "식물은 물구나무서기를 하고 있다"라고 말했었다. 그것은 모든 식물이 생식기에 해당하는 꽃을 위로 떠받치는 듯한 형태로 꽃을 피우고 있기 때문인데, 이 말속에는 현실을 직시하지 않을 수 없었던 옛 과학자의 쓸쓸한 마음을 느낄 수가 있다.

식물의 수정은 동물의 수정과 어떻게 다릅니까?

각각의 수정 방법에는 여러 가지 형식이 있고 또 예외도 있으므로 동물과 식물의 수정 차이를 간단하게 표현하기는 어렵지만, 우선 첫째로 식물과 동물은 수정하기 위한 생식기의 구성이 다르다.

동물에게는 보통 한 몸에 하나의 생식기가 만들어지고, 암컷의 몸에는 일정 기간마다(사람의 경우는 약 한 달마다), 그 생식기 속에 수정이 가능한 난세포(卵細胞)를 하나씩 준비하여, 거기로 정자가 오면 수정을 하여 태아를 만들고, 정자가 오지 않으면 난세포는 수정을 못 한 채로 버려진다.

이것에 대해 식물에서는 하나의 몸에 수많은 생식기(꽃)가 생기고, 각각의 생식기 속에 하나 또는 수많은 난세포를 만든다. 생식기인 꽃이 열려 있는 동안에, 동물의 정자에 해당하는 정세포(精細胞)가 오면 수정하여 씨앗을 만들고, 오지 않으면 난세포는 생식기(꽃) 채로 말라서 떨어진다. 더구나 1년마다 말라 죽어 버리는 식물은 일생에 한 번, 수목과 같이 몇 해나 사는 식물은 해마다 한 번씩밖에 난세포를 만들지 않는다.

다음으로, 수정하는 웅성(雄性)세포에 대해 살펴보면, 동물의 경우는 수컷의 생식기에서 무수한 정자(또는 정충)를 만든다. 그리고 수컷의 동물은 암컷의 동물을 쫓아가 그것에 접근하여 교미함으로써 정자를 암컷의 몸속으로 방출한다(도롱뇽 등에서는 수컷이 정자가 들어 있는 주머니를 떨구면 암컷이 그것을 주워서 몸속으로 넣는다). 암컷의 몸속으로 들어간 정자는 난세포로 향해 자기 힘으로 헤엄쳐 거기서 합체(수정)한다.

한편, 식물 쪽은 동물의 정자에 해당하는 것이 정세포인데, 식물 자신은 움직일 수가 없고, 정세포에도 이동 능력이 없다. 그래서 식물은 정세포(또는 그것이 되기 전의 생식세포)를 주머니 속에 넣어, 그 주머니를 지구 위에서 움직이고 있는 것, 즉 바람, 곤충, 새, 강 등의 도움을 받아 웅성 생식기(수술)로부터 자성(雌性) 생식기(암술)로 운반한다. 이 정세포가 들어가 있는 주머니가 꽃가루이다. 이렇게 보면 식물의 웅성정세포는 동물에서의 도롱뇽 등의 경우와 닮은 데가 있다.

또 이끼, 양치, 조류(藻類) 등은 동물과 마찬가지로 정자를 만든다 .

동물의 경우, 난세포와 정세포가 합체하는 곳은 자궁(포유류의 경우) 속이며, 여기서 수정한 난세포는 세포분열하여 다세포로 된 태아의 몸을 만든다. 식물에 있어서 자궁에 해당하는 것은 꽃의 씨방(子房) 속에 있는 배낭(胚嚢)이다. 이 배낭(씨눈주머니) 속에 난세포가 생겨 있는데, 배낭 속에는 난세포 이외에도 극핵(極核)과 보조세포(補助細

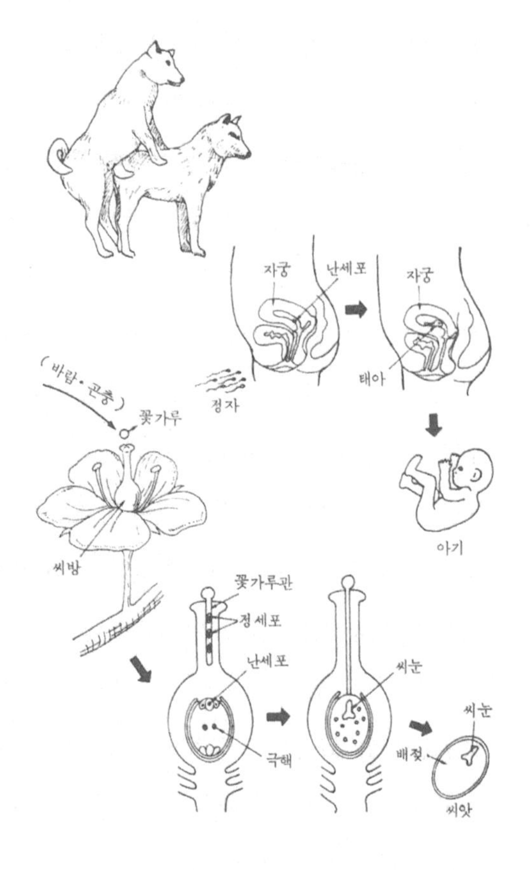

그림 3-2 | 식물의 수정과 동물의 수정

胞) 등의 세포도 만들어지고 있다(그림 3-2).

바람이나 곤충에 의해 암술로 운반되어 온 꽃가루 속의 정세포(또는 생식세포)는, 꽃가루가 내뻗는 화분관(花粉管) 속을 통하여 배낭 속의 난세포에 다가가고 거기서 수정한다. 그런데 식물의 수정에서는 난세포와 정세포만 수정하는 것이 아니라, 꽃가루 속에 들어 있는 또 하나의 정세포가 극핵의 세포와 수정한다. 이와 같이 한 번에 두 군데서 수정이 이루어지는 것은 벚나무, 동백나무 등의 일반적인 식물(피자식물)의 특징으로서, 이것을 '중복수정(重複受精)'이라 부르고 있다.

수정한 식물의 난세포는 세포분열하여 동물의 태아에 해당하는 배(胚: 씨눈)를 만든다. 씨앗 속에 볼 수 있는 씨눈(배)을 자세히 관찰하면, 잎과 줄기와 뿌리의 원형(原型)에 닮은 것을 가지고 있는 것을 알 수 있다. 한편 수정한 극핵의 세포 쪽은 세포분열하여 배유(强乳: 배젖)를 만드는데, 배유는 배(씨눈)가 처음 발아할 때 필요한 영양분의 저장소이다.

식물은 왜 수컷과 암컷으로 갈라져 있지 않습니까?

인간을 포함해서 동물에게는 수컷과 암컷이 있는데, 같은 생물이면서 식물은 왜 수컷 암컷의 구별이 없냐 하는 의문이겠는데, 정말로 식물에는 수컷 암컷이 없을까?

고대의 철학자 아리스토텔레스는 "식물은 움직이지 않으므로 암수의 구별은 없다"라고 생각하고 있었다. 그런데 아리스토텔레스의 제자 데오프라스토스는, 대추야자라는 식물을 써서, 꽃에 꽃가루를 묻히면 열매가 생기고, 꽃가루를 묻히지 않으면 열매가 생기지 않는다는 실험을 되풀이한 뒤에, "매우 이상한 일이기는 하지만, 대추야자에는 암수의 구별이 있다”라고 말했다.

대추야자는 암컷의 생식기관인 암술만을 갖는 암꽃과 수컷의 생식기관인 수술만을 갖는 수꽃이 각각 다른 나무로 갈라져서 피는 식물이었기

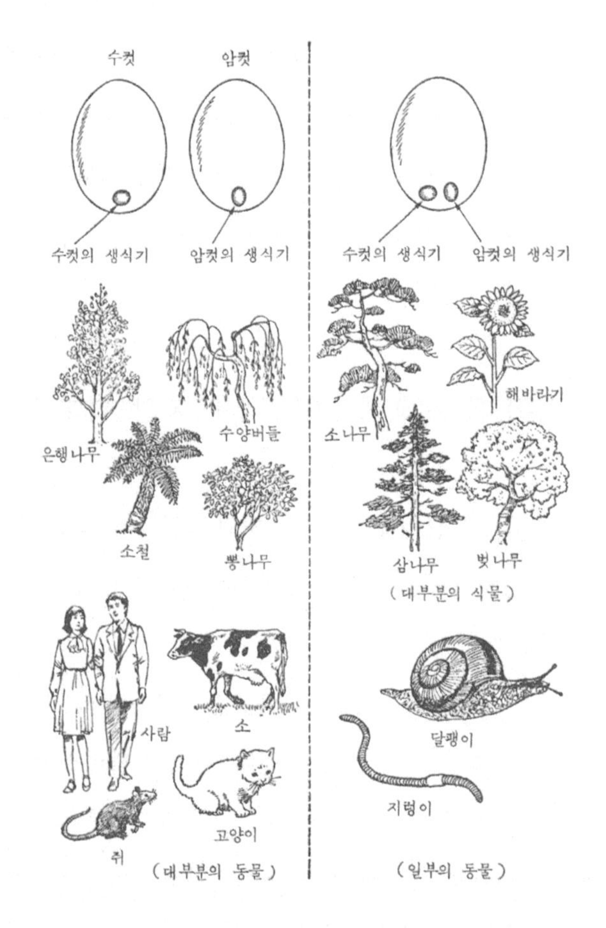

그림 3-3 | 생식기가 달리는 방법과 암수의 구별

때문에, "수꽃이 피는 나무는 수컷, 암꽃이 달리는 나무는 암컷"이라고 동물과 마찬가지로 생각할 수 있었을 것이다.

동물과 같은 방법으로 생식기관을 가지고 있는 대추야자가 식물로서는 예외적이냐고 하면 결코 그렇지 않다. 은행나무, 소철, 두송(杜松), 비자나무, 측백나무, 주목, 수양버들, 뽕나무, 초피나무, 솜다리, 천남성, 호장근 등은 모두 암수의 생식기관이 다른 그루로 갈라져(자웅이주: 雌雄異株) 피고 있다. 때문에 이 식물들은 수컷, 암컷의 구별이 있다.

위와 같이 식물이 암수로 갈라진 경우도 있지만, 대부분의 식물은 암컷의 생식기관인 암술과 수컷의 생식기관인 수술이 한 꽃 속에 동거(자웅동주: 雌雄同株)해 있다. 오이, 호박 등은 수꽃과 암꽃이 한 그루에서 따로따로 피고 있다. 따라서 이러한 자웅동주 식물은 동물이나 앞에서 말한 자웅이주 식물처럼 그루마다 암수의 구별이 안 된다.

식물에 왜 암수 생식기가 동거해 있는 경우가 많을까 하는 것은 매우 어려운 문제로 간단히 대답할 수가 없으나 이것이야말로 아리스토텔레스가 생각했던 "식물은 움직이지 않는다"라는 말과 관계가 있는 것으로 생각된다. 움직이지 않는 식물은 암수의 생식기가 되도록 가까이 있는 것이 씨앗을 만드는 데 편리할 것이다.

그리고 하나의 개체에 암수 양쪽의 생식기가 형성되는 예는 식물뿐만 아니라 동물에서도 볼 수 있다. 이를테면 지렁이나 달팽이 등은 개체마다 암수 양쪽의 생식기관을 가지고 있다.

박테리아(세균류)에도 수컷 암컷이 있습니까?

얼마 전까지 박테리아와 같은 단세포 생물은 모두 다 같이 각각의 세포가 둘로 갈라지고, 넷으로 갈라짐으로써 자손을 남기고 있는 것으로 생각되고 있었다. 그런데 1960년경부터 박테리아에도 암수의 구별이 있다는 것이 확실해졌다. 박테리아는 세포분열로서도 자손을 남길 수 있지만, 이렇게만 하면 약한 자손이 많아지기 때문에, 어느 시기가 되면 보통의 생물과 같이 두 개의 세포를 합체시켜 자손을 남기게 하고 있다.

그다음 질문은 '섹스하는 방법'에 대해서인데, 섹스(sex)란 본래 '암수의 성(性)'이라는 의미이고 그 말을 동사로 쓸 경우에는 '암수를 식별한다'라는 의미가 된다. 따라서 정확하게 대답하려면. "질문의 의미를 모르겠다"라고 해야 할 것이다. 여기서는 세상에서 일반적으로 쓰이고 있듯이 섹스를 '성행위'라는 뜻으로 해석하여 대답하기로 한다.

박테리아 무리인 이스트균(효모균)은 평소 세포분열에 의해 자손을 남기고 있다. 그러나 이스트균의 일종인 이담자균(異擔子菌)은 어느 시기가 되면, 먼저 수컷에 해당하는 X의 세포가 특수한 물질을 만들고, 그것을 암컷인 Y의 세포로 향해서 내놓는다. 그러면 Y의 세포는 흥분해서 투명한 관(管)을 내뻗기 시작한다. 또 이 Y세포는 관을 뻗으면서 X의 세포를 흥분시키는 물질을 내놓기 때문에 X의 세포도 Y의 세포로 향해 투명한 관을 뻗어 온다. 이윽고 관과 관이 도킹하고, X 세포의 내용물이 Y세포 속으로 흘러들어, 두 세포의 내용물이 합체(융합)한다. 이것은 명확한 수정인데, X와 Y는 형태상으로 구별이 안 되기 때문에, 이처럼 같은 형끼리 합체할 경우는 수정이라 하지 않고 '접합(接合)'이라고 부른다.

이렇게 해서 이담자균은 1:1로 성행위를 한다. 이와 같은 연애형 섹스에 대해 빵을 만들 때 쓰는 이스트나 빵효모균은 1:1이 아니라 집단을 형

그림 3-4 | 이스트균(효모균)에도 연애와 맞선보기가 있다

성하여 섹스한다. 이 빵효모균은 어느 시기가 되면 다수가 한군데로 모여 그중에서 적당한 것끼리 합체하여 새로운 세포가 된다. 따라서 이것은 이 담자균의 연애형에 대해서 '집단 선보기형 섹스'라고 말해도 될 것이다. 〈그림 3-4〉가 그것을 보인 것이다.

어쨌든 이처럼 박테리아와 같은 하등한 생물에도 암수의 구별이 있으며, 저마다의 박테리아는 그 방법은 조금씩 다르지만 섹스하면서 자손을 번성시키고 있다.

식물도 흥분합니까?

물론 식물도 흥분한다. 식물의 생식기에 해당하는 꽃 속에는 암컷의 생식기관인 암술과 수컷의 생식기관인 수술이 있는데, 이들 부분은 매우 민감하게 만들어져 있어서, 암술머리(柱頭)에 꽃가루를 묻혀보면 암술 세포가 갑자기 성질을 바꾸어 간다.

이를테면, 벼의 암술머리에 꽃가루를 묻혀보면 10초도 안 되는 사이에 암술의 세포핵은 초산카민(acetic carmine)으로 잘 염색된다. 이것은 암술의 성질이 바뀌었다는 증거이다(그림 3-5). 또 세포는 꽃가루 주위에 점액을 분비하기 시작한다. 식물학에서는 이와 같은 가루받이에 수반하는 암술의 변화를 '암술머리 반응(柱頭反應)'이라 부르고 있다.

한편 수컷의 꽃가루도 암술의 몸에 닿음으로써 흥분하여, 그 표면으

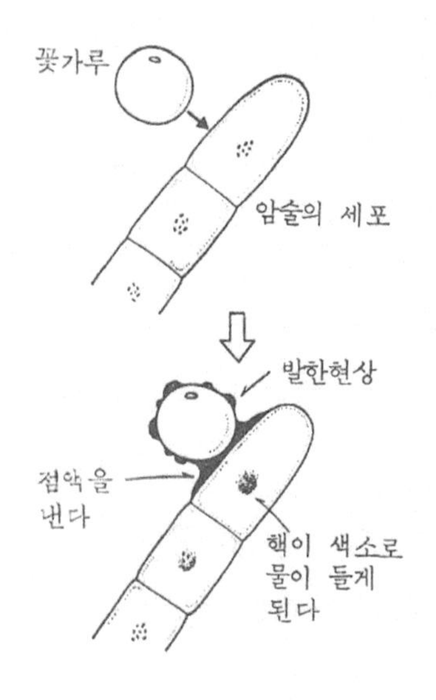

그림 3-5 | 암술 세포와 꽃가루 세포의 흥분

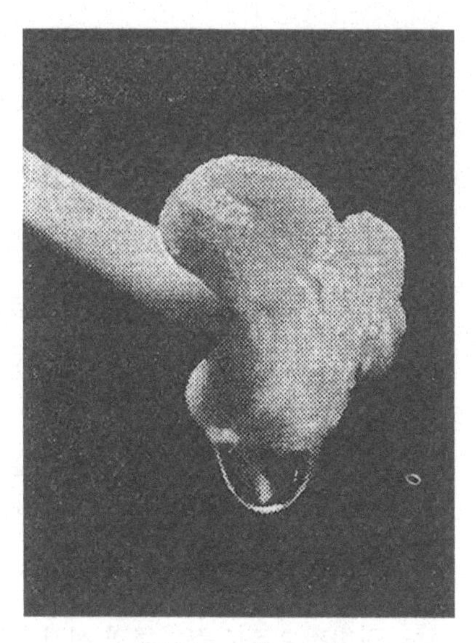

그림 3-6 | 백합의 암술 끝에서 뚝뚝 떨어지는 점액

로부터 물과 같은 액을 내놓기 시작한다. 이것을 식물에서는 '발한현상(發汗現象)'이라 부르고 있다.

이와 같은 벼 암술의 흥분 현상은 벼, 밀, 옥수수 등의 꽃가루를 묻혔을 때는 볼 수 있어도, 나팔꽃이나 국화의 꽃가루를 묻혔을 때는 볼 수가 없다. 이것은 벼의 암술에 꽃가루가 묻기만 하면 언제라도 흥분하는 것이 아니라, 상대에 따라서 흥분하기도 하고 흥분하지 않기도 한다는 것을 가리킨다. 식물에도 좋아하는 것이 따로 있는 것이다.

백합의 암술에는 큰 암술머리가 있다. 이 암술머리는 개화 직후에는 꽤 건조한 상태에 있지만, 완전히 성숙한 암술머리를 보면 상당히 축축하게 젖어 있다. 백합의 암술에 꽃가루가 묻으면 점액의 양이 갑자기 많아지고, 곧 암술머리 끝에서 뚝뚝 떨어질 만큼 많아지게 된다(그림 3-6). 백합의 암술대 속에는 꽃가루의 통로가 있고, 가루받이 전에는 속이 비어 있지만, 암술에 꽃가루가 묻으면 통로가 점액으로 가득 차게 된다. 그 때문에 꽃가루관은 점액 속을 통과해서 쉽사리 암술의 기부(基部)에 있는 난세포로 향해 진행할 수가 있다.

이 암술로부터 분비되는 액은 당과 아미노산 등을 대량으로 함유하고 있기 때문에 물리적으로 꽃가루관이 암술 속을 통과하기 쉽게 하는 것은 물론, 화학적으로도 꽃가루의 성장을 촉진하는 작용을 하는 것으로 생각되고 있다. 또 이 암술이 내는 액은 약간 혼탁한 색을 띠고 있지만, 특별한 맛이나 냄새는 없다.

식물도 정자를 만듭니까?

정자 또는 정충이라는 것은 운동성이 있는 생식세포, 즉 스스로 움직여 난세포와 수정하는 수컷의 세포를 말하는데, 보통의 고등식물은 정자를 만들지 않는다. 꽃가루 속에는 운동 능력이 없는 정세포가 있으므로, 꽃가루는 발아하여 긴 꽃가루관을 뻗어서 그 정세포를 난세포로 옮겨 놓는다. 이것이 일반적인 식물의 생식 방법이다.

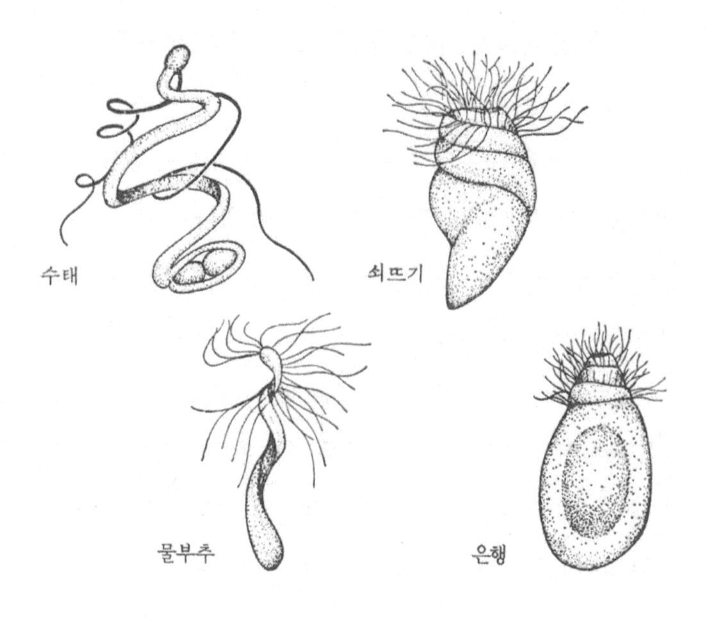

그림 3-7 | 여러 가지 식물의 정자

식물의 정자는 맨 처음 수태(水苔)에서 발견, 그 후 여러 이끼류와 양치류에서 잇달아 정자가 발견되었다. 그 무렵의 상식으로는, 씨앗을 만들 만한 큰 식물은 정자를 만들지 않는다고 생각되고 있었는데, 일본의 히라세(平瀨作五郎) 씨가 은행나무에서(1894년), 또 이케노(池野成一郎) 씨가 소철에서(1896년) 정자를 발견하여 전 세계 사람들을 깜짝 놀라게 했다.

하등식물에서 정자를 만드는 것은 윤조(輪藻), 플라스코조(윤조류로 학명은 Nitella), 수태(水苔), 우산이끼(이끼류), 쇠뜨기, 고사리, 고비 등으로서, 그들 중 몇 가지 보기를 〈그림 3-7〉에 소개한다.

한 꽃 속에 수술이 많이 있는 것은 어째서입니까?

확실히 어느 꽃을 보아도 암술은 한 개인데 수술은 많다. 예를 들면 한 송이의 동백꽃 속에는 100개 이상의 수술이 있다.

식물은 동물처럼 자유로이 이동할 수가 없으므로, 식물이 생식한다는 것은 쉬운 일이 아니다. 식물은 곤충이나 바람의 도움을 빌려 수컷의 꽃가루를 수술로부터 암술로 옮겨 놓고 있는데, 벌레도 바람도 자기 의사로 꽃가루를 나르고 있는 것은 아니기 때문에 꽃가루가 암술에 부착할 확률은 매우 낮다. 그러므로 식물은 대량의 꽃가루를 생산하지 않으면 안 된다. 수술이 많이 있는 이유 중 하나가 여기에 있다.

특히 바람의 힘을 빌려 수분하고 있는 식물의 꽃(풍매화)은 수없이 많은 꽃가루를 공기 속으로 흩뿌리고 있다. 곤충을 상대로 하는 꽃(충매화)에 있어서도 벌레가 언제 꽃으로 날아올지 모르므로, 어느 때 벌레가 오더라도 꽃가루가 거기에 있도록 장기간에 걸쳐 꽃가루를 계속하여 생산할 필요가 있다. 사실 꽃 속 수술의 꽃밥이 열리는 방법을 보면, 모든 꽃밥이 일제히 터져 꽃가루를 내는 것이 아니라, 많은 꽃밥이 긴 시간에 걸쳐 조금씩 터져 꽃가루를 내놓고 있다.

예를 들어 미나리아재비의 꽃은 아침 8시경부터 오후 3시경까지 사이에 조금씩 꽃밥을 열고 있으며, 복숭아와 벚꽃은 거의 하루가 걸려 조금씩 순서대로 꽃밥을 터뜨린다. 아네모네의 꽃은 최초의 꽃밥이 터지기 시작하여 최후의 꽃밥이 열리기까지 약 1주일이 걸린다. 이렇게 식물은 꽃 속에 수많은 수술을 만들어, 연달아 꽃밥이 열리게 함으로써 가루받이 기회를 많게 하여 확실하게 자손을 남길 수 있도록 한다.

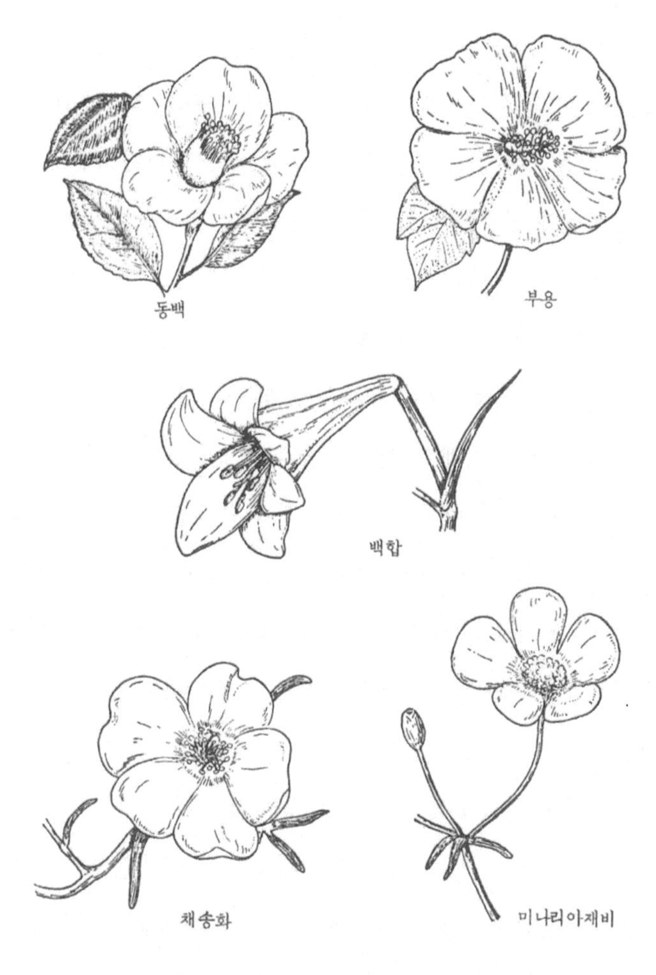

그림 3-8 | 꽃 속에는 수술이 많이 있다

동물의 교미와 같은 행위를 하는 식물이 있습니까?

식물은 동물처럼 움직일 수가 없기 때문에 교미와 꼭 같은 일은 하지 않는다. 그러나 그와 비슷한 일을 하는 것은 있다.

이를테면 수생식물인 나사말은 수술을 갖는 수꽃과 암술을 갖는 암꽃을 만드는데, 수꽃은 모체에서 떨어져 수면을 떠돌게 되어 있다. 수많은 수꽃 중의 어떤 것은 물의 흐름에 실려가며 암꽃과 부딪히고, 그때 수술이 암꽃의 암술에 접촉하여 꽃가루를 건네준다. 그러면 꽃가루를 받은 암꽃은 물속으로 끌려 들어가 물속에서 씨앗을 만든다.

수술과 암술이 한 꽃 속에서 직접 접촉하여 꽃가루를 암술로 옮겨 주는 식물도 있다. 큰개불알풀이나 채송화, 분꽃이 그런 예이다. 예를 들어 채송화에서는 그날 아침에 핀 꽃의 수술과 암술은 오전 중에는 보통 꽃과 마찬가지로 떨어진 위치에 있지만, 오후가 되면 수술이 조금씩 암술로 다가간다. 이 무렵이 되면 암술도 암술머리 끝을 숙이는 듯한 자세를 취하게 되고, 마침내 서로 닿아서 꽃가루가 암술로 옮겨진다. 분꽃이나 닭의 장풀에서는 긴 수술과 암술이 서로 얽히듯이 접촉하여 꽃가루를 암술로 건네준다.

물닭개비라는 식물에 있어서는 더 '동물적인' 수술과 암술의 교접을 볼 수 있다. 물닭개비는 개화 전에 한 번 수술과 암술이 봉오리 속에서 접촉하여 꽃가루를 암술로 옮기는데, 개화 후에는 수술과 암술이 서로 떨어져 있다. 그런데 오후가 되면 다시 수술과 암술이 교접한다. 더구나 이 두

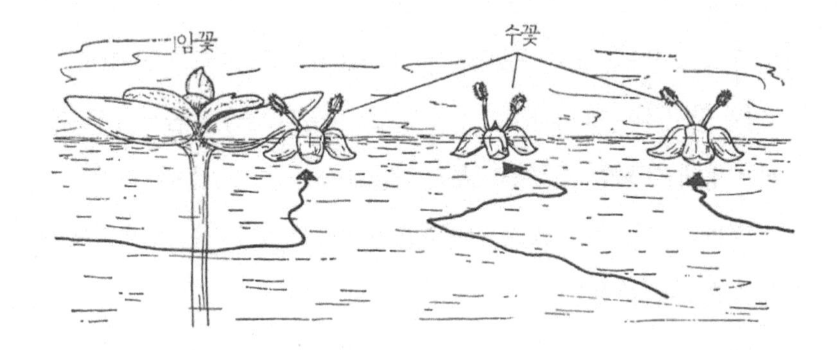

그림 3-9 | 수꽃이 수면을 이동해서 암꽃과 교접하는 나사말

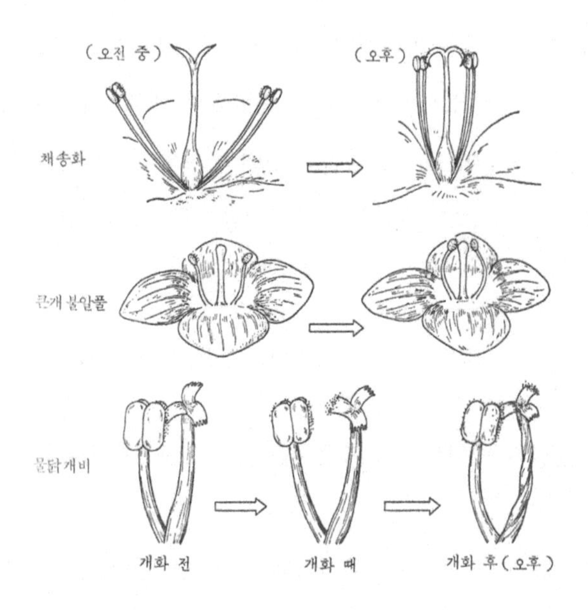

그림 3-10 | 수술과 암술의 교접 세 가지 예

번째의 교접 때는 암술이 몸을 비틀듯이 하여 수술에 닿기 때문에, 첫 번째의 교접에서 수분하지 못했던 부분에 꽃가루가 붙는다(그림 3-10).

이와 같이 식물에 따라서는 적극적으로 수술과 암술이 움직여 교미에 가까운 형태로 꽃가루를 수술로부터 암술로 옮겨 놓고 있는데, 이것은 뒤에서 말하는 내용, 즉 '식물은 근친결혼을 피하고 있다'라는 것과 얼핏 보기에 모순되어 보인다.

식물은 스스로는 움직일 수 없지만 그래도 되도록 다른 꽃의 꽃가루로 씨앗(자손)을 만들려 한다. 그러나 그것이 불가능할 때는 자신의 꽃가루로 자손을 남기려 한다. 조금은 자손에게 좋지 못한 영향이 나타나더라도 자손이 영영 끊어지는 것보다는 나을 것이다. 이렇게 생각하면 모순이기는커녕, 식물은 매우 합리적인 생활을 하고 있다고도 말할 수 있다. 특히 물닭개비는 언제 물이 불어나 물속으로 잠겨 버릴지도 모를 환경의 땅에 돋아 있는 식물이므로, 최대한 자신의 꽃가루로 씨앗을 만들어 두고, 그런 다음에 벌레가 다른 꽃의 꽃가루를 운반해 오기를 기다리고 있을 것이다.

식물은 성장한 뒤 생식기(꽃)를 만든다는데, 그 구조를 가르쳐 주십시오

식물은 태어났을 때는 꽃(생식기에 해당하는 것)이 없고, 몸이 꽤 성장한 뒤에 꽃눈(花芽)을 만들기 시작한다. 꽃눈을 만들 때 자극제가 되는

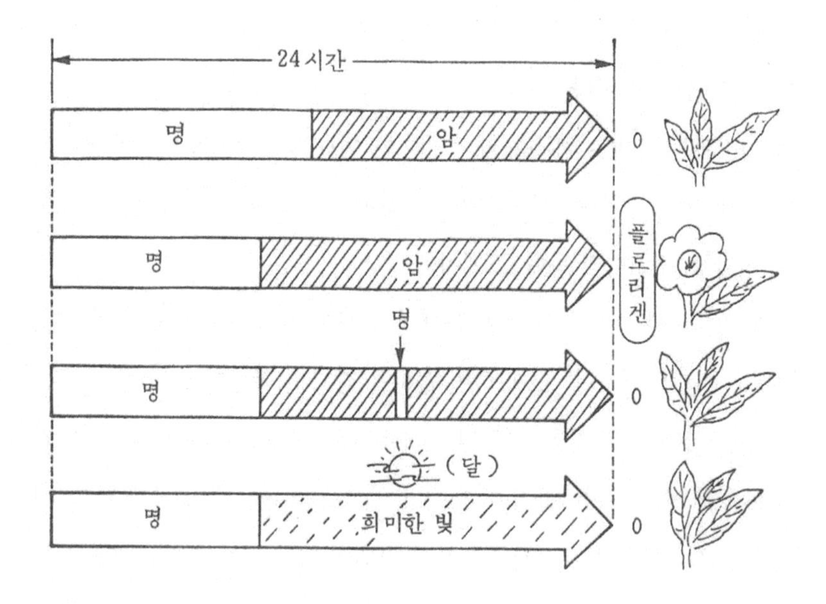

그림 3-11 | 플로리겐은 캄캄함 속에서 만들어진다

것은 개화호르몬인 플로리겐(Florigen)이라 말하고 있다.

토마토, 옥수수, 서양민들레, 오이 등은 식물체가 어느 정도의 크기가 되면 자연히 꽃눈을 만들지만, 대부분의 식물은 몸이 커진 것만으로는 꽃눈을 만들지 않고, 여기에 더하여 특별한 환경이 주어졌을 때 플로리겐이 생성되어 꽃눈을 만들기 시작한다.

특별한 환경이라고 하면 여러 가지가 있는데, 하루의 명암(낮과 밤)

중에서 어두울 때의 길이가 어느 정도 이하(밝은 길이가 어느 만큼 이상)인 때 꽃눈을 만드는 것이 장일식물이다. 밀, 보리, 시금치, 콩, 약모밀 등이 장일식물의 예이다.

이것과는 반대로 어두울 때의 길이가 어느 정도 이상(밝은 시간이 어느 길이 이하)인 때에 꽃눈을 만드는 것이 단일식물로, 벼, 국화, 코스모스, 명아주, 도꼬마리 등이 그 예이다.

단일식물은 어두운 시간이 짧으면 언제까지고 꽃눈을 달지 않지만, 어두운 시간의 길이를 길게 하면 꽃눈을 달기 시작한다. 그러나 어두운 도중에 5분간 밝은 빛을 주게 되면 더는 꽃눈을 달지 않게 된다. 또 야간에 보름달 정도의 희미한 빛이 쪼이고 있어도 꽃눈을 달지 않게 된다. 이런 현상은 식물이 플로리겐을 만드는 작업이 아주 캄캄한 가운데서 이루어지고 있으며, 조금이라도 빛이 닿으면 그 작업이 정지된다는 것을 가리킨다.

이 명암의 길이와 꽃눈이 맺는 방법과의 관계를 이용하면 때아닌 계절에 꽃을 피우게 할 수가 있다. 이를테면 국화꽃은 옛날에는 가을에 밖을 볼 수가 없었는데, 최근에는 가을 이외의 계절에도 꽃가게에 나와 있다. 이것은 국화의 그루를 가을과 같은 명암의 환경 속에 두어 인위적으로 국화에 플로리겐을 만들게 하여 꽃을 피우고 있기 때문이다.

그런데 플로리겐에 대해서는 식물체 안에서 그것의 이동속도까지는 알고 있지만, 그 정체(물질의 종류)는 아직 모르고 있다. 최근에는 단일물질이 아니라, 몇 종류나 되는 물질이 조합되었을 때 꽃눈을 만드는 자극이 되는 것이 아닐까 생각되고 있다.

곤충은 무엇 때문에 수술에서 암술로 꽃가루를 운반합니까?

교과서에서도 "벌레가 꽃가루를 나르는 꽃을 충매화, 바람이 꽃가루를 운반하는 꽃을 풍매화라고 한다"라는 식으로 쓰여 있으므로, 벌레와 바람이 어떤 목적을 가지고 꽃가루를 운반하고 있는 듯이 생각하기 쉬우나, 특별한 목적이 있는 것은 아니다.

바람은 지구의 동물이나 식물과 아무 관계도 없이 불고 있다. 그러므로 우연히 어떤 종류의 식물이 아주 작고 가벼운 꽃가루를 만들어 그것을

그림 3-12 | 꽃과 벌레의 주고받는 관계

꽃 밖으로 방출했을 때 불어온 바람에 실려 다른 꽃의 암술로 가루받이를 함으로써 그 식물의 자손을 번영시킬 수 있었다고 생각해야 할 것이다.

벌레의 경우 좀 더 꽃과의 관계가 밀접하다. 어떤 종류의 곤충은 꽃의 꿀이나 꽃가루를 좋아하여 그것을 식량으로 살아가고 있다. 그래서 이들 곤충(꿀벌, 꽃벌, 배추흰나비 등)은 달콤한 꿀이나 영양가 높은 꽃가루를 먹기 위해 꽃으로 날아온다. 벌레들은 사실상 꽃으로부터 꽃가루와 꿀을 뺏어 먹고 있는데, 꽃 속에는 암술과 수많은 수술이 있어 벌레가 꽃 속을 돌아다니는 사이에 수술의 꽃가루가 벌레의 몸에 달라붙는다. 다음에 그 벌레가 다른 꽃으로 갔을 때, 우연히 몸이 암술 끝에 닿으면 몸에 붙어 있던 꽃가루가 암술로 옮겨진다. 이렇게 해서 벌레들이 꽃에서 꽃으로 날아다니고 있는 사이에 자연히 꽃가루가 수술로부터 암술로 옮겨지는 것이다.

따라서 벌레들은 꽃가루나 꿀을 빼앗아 먹고 있는 셈이어도, 결과적으로는 꽃가루받이를 거들어 주고 있는 것이 되므로 꽃과 벌레 사이에는 완전한 주고받는 관계가 성립되어 있다. 따라서 '곤충은 꽃으로부터 식당을 얻으면서, 꽃가루를 수술로부터 암술로 날라다 주고 있다'라고 말해도 될 것이다.

식물도 근친결혼을 피하고 있습니까?

인간 사회에서는 법률로 근친결혼을 피하고 있는데, 그 목적은 자손

그림 3-13 | 자웅이숙으로 근친결혼을 피하고 있는 예

에게 좋지 못한 영향이 가는 것을 막기 위해서이며, 근친 간 자손을 남기지 않아야 한다는 것은 식물도 똑같다. 식물의 세계에는 법률이 없지만, 식물도 여러 가지 방법으로 근친 간에 자손을 만드는 것을 피하고 있다.

우선, 꽃 속을 주의 깊게 관찰하면, 대부분의 꽃에서는 암술의 암술머리(맨 앞 끝의 꽃가루가 붙는 곳)가 수술보다 훨씬 위쪽으로 나와 수술로부터 꽃가루가 쏟아져 나와도 암술 끝에는 떨어지지 않는 위치에 있다. 식물이 만약 자신의 꽃가루로 씨앗을 만들어도 좋다고 한다면, 처음부터 꽃이 벌어질 필요조차 없고, 봉오리 속에서 수술의 꽃가루가 암술 끝에 묻게 되면 될 것이다. 그런데 대부분의 꽃은 꽃잎을 펴고 있고, 암술이 수술보다 앞쪽으로 나와 있으며, 곤충이나 바람이 다른 꽃으로부터 꽃가루를 운반해 오기를 기다리고 있다. 그러므로 자기 꽃 속의 꽃가루는 곤충

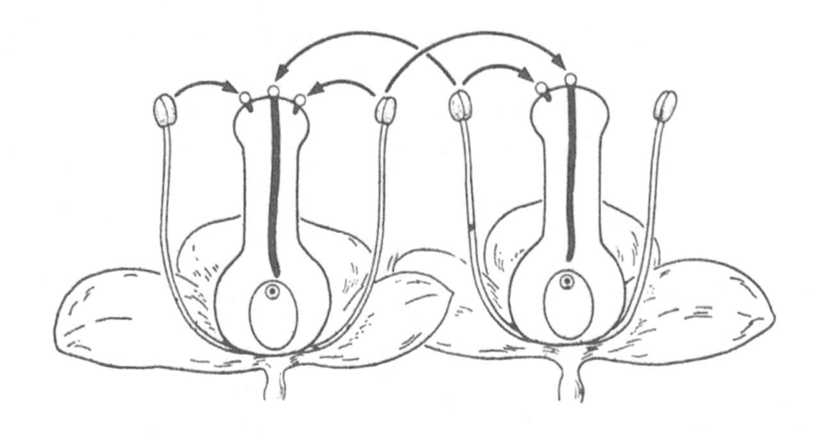

그림 3-14 | 자기불화합성의 설명도, 근친의 꽃가루인 때에는 꽃가루의 성장이 멎는다

의 몸에 붙어 다른 꽃의 암술로 옮겨지도록 하기 위해 있는 것 같다.

암술이 꽃가루와 떨어진 위치에 있었다고 하더라도 당연히 벌레나 바람에 의해 자신의 꽃가루가 암술에 붙어 버리는 수가 있다. 그래서 많은 꽃은 수술과 암술 중 어느 쪽의 성숙 시기를 늦춤으로써 근친결혼의 해를 벗어나고 있다.

예를 들면 도라지, 용담, 봉선화, 패랭이꽃을 잘 관찰하면, 개화 후 먼저 수술이 벌어져서 꽃가루를 흩뿌리는데, 이때 암술은 아직 미숙하여 꽃가루를 받아들일 체제가 되어 있지 않다. 이윽고 암술이 성숙해서 꽃가루를 받으려 하지만, 이때는 이미 수술이 꽃가루를 다 털어버리고 말라 있다.

한편 잔디, 질경이, 쥐방울덩굴 등의 꽃에서는 도라지나 용담과는 반대로 암술이 먼저 성숙하고 난 뒤에 수술이 성숙한다. 수술이 성숙해서 꽃가루를 흩뿌릴 무렵에는 암술은 이미 다른 꽃의 꽃가루로 씨앗을 만들기 시작하고 있다. 이처럼 암술과 수술의 성숙 시기가 다른 것을 '자웅이숙(雌雄異熟)'이라고 한다. 자웅이숙은 식물이 근친결혼을 피하려 하는 것을 가리키는 가장 알기 쉬운 예 중 하나이다.

근친결혼을 피한다는 것은 결혼 자체가 나쁘다기보다 자손에게 해가 나타나는 것을 방지하기 위한 것이므로, 암술에 근친의 꽃가루가 붙어도 그 꽃가루가 성장하지 않으면 근친결혼의 해는 방지된다. 이리하여 꽃가루받이는 하더라도 수정을 조절함으로써, 근친 간에 씨앗을 만드는 것을 피하고 있는 현상을 '자가불화합(自家不和合)'이라고 한다.

배나 사과, 복숭아 등의 과수나 백합, 달맞이꽃 등의 꽃에서는 강한 자가불화합 현상을 볼 수 있다. 예를 들어 백합의 암술에 같은 꽃(구근으로 증식한 다른 그루에서 핀 꽃도 포함해서)의 꽃가루를 수분시켜 보면, 그 꽃가루의 성장이 금방 멎어버린다. 이것은 암술이 근친 꽃가루가 붙었을 때 꽃가루의 성장을 억제해 버리기 때문이다. 백합은 이렇게 해서 근친 간에 씨앗을 만들지 못하게 되어 있다.

배나 사과 등의 과수류는 접목으로 증식하고 있기 때문에, 같은 품종의 꽃 속 암술과 꽃가루는 모두 근친 관계에 있다. 따라서 이 식물들은 품종이 같을 경우, 자기 꽃의 꽃가루는 물론, 다른 그루의 꽃가루로도 씨앗을 만들 수가 없다. 씨앗이나 과실을 만드는 데는 다른 품종의 꽃가루가 암술에 붙어야만 한다. 마당에 과수를 한 그루만 심었을 경우, 꽃이 피었는데도 열매가 달리지 않는 것은 그 때문이다.

또 자가불화합의 메커니즘, 즉 암술이 자신의 꽃가루 성장을 억제하는 이유에 대해서는 지금의 생물학으로 설명하지 못하고 있다.

꽃가루의 표면에 있는 무늬는 무엇에 도움이 되는 것입니까?

꽃가루에는 맨 바깥쪽에 '외벽(外壁)'이라고 불리는 단단한 막이 있고, 거기에 여러 가지의 들쭉날쭉한 '무늬(彫紋)'가 있다(그림 3-15). 이 조문의 기능에 대해서는 일단 '벌레의 몸에 붙기 쉽기 때문에'라고 생각되고 있다. 확실히 표면이 미끈하기보다는 들쭉날쭉한 편이 곤충의 몸에 달라붙기 쉬울 것이다.

그러나 꽃가루의 표면에는 벌레의 몸이나 다리에 돋아 있는 털의 굵기에 비해 훨씬 미세하고, 더구나 식물의 종류마다 모양이 다른 갖가지 아름다운 무늬가 새겨 넣어져 있다. 벌레의 몸에 쉽게 붙기 위해서라면 적당히 들쭉날쭉한 거친 무늬가 있으면 될 것이다. 그래서 필자가 학생으로부터 이런 질문을 받았을 때는 난처해져서 농담조로 "꽃가루를 만든 하느님이 디자인을 하면서 즐겼던 것이 아닐까?" 하고 얼버무린다.

그런데 이 아름다운 무늬가 붙어 있는 꽃가루의 외벽은 매우 분해되기 어려워(잘 썩지 않는다) 지표에 떨어진 꽃가루는 수만 년, 수천만 년, 때로는 1억 년 이상이나 흙 속에 그 모습을 남겨 두고 있다. 그 때문에 오래된 흙이나 암석 속의 꽃가루 조문을 조사하는 작업(화분분석)은 과거의

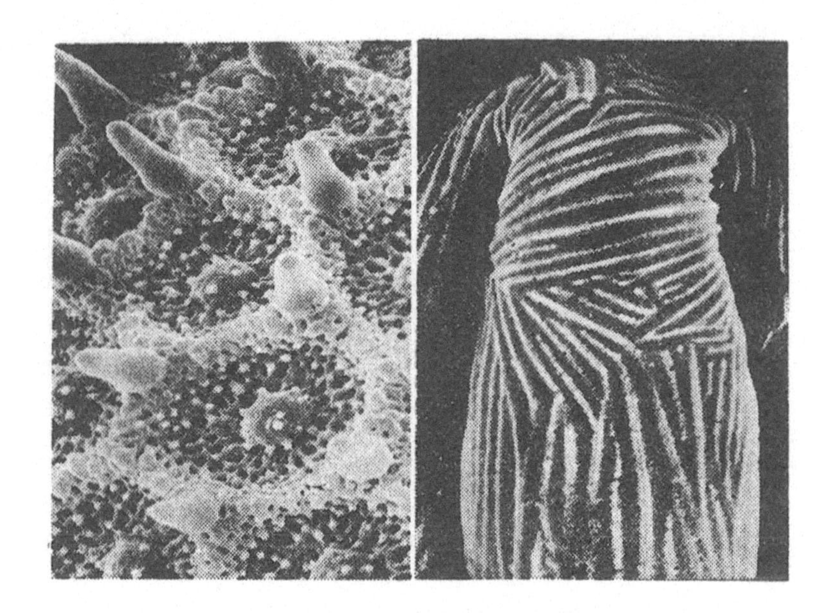

그림 3-15 | 꽃가루 표면무늬의 예 (좌-둥근잎나팔꽃, 우-추해당)

식생(植生), 고기상(古氣象)의 조사, 인류의 역사 등을 연구할 수 있게 할 뿐만 아니라 지하자원의 개발에도 활용되고 있다.

따라서 꽃가루의 표면 무늬가 식물을 위해서는 어떤 기능을 하고 있는지 잘 모르지만 인간을 위해서는 크게 도움이 되고 있다고 하겠다.

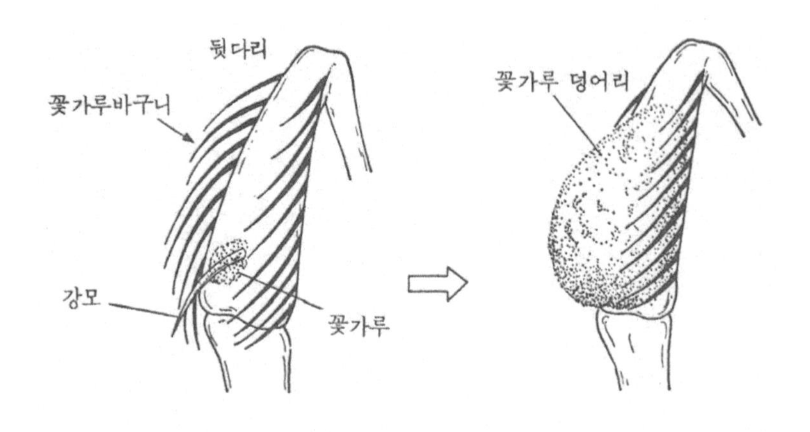

그림 3-16 | 꿀벌의 꽃가루바구니와 그 속에 만들어지는 꽃가루 덩어리

꽃가루 덩이란 어떤 것입니까?

꽃가루 덩이란 글자 그대로 꽃가루를 모아서 덩어리로 만든 것인데 자연계에서는 꿀벌이 이것을 만들고 있다.

꿀벌의 뒷다리에는 꽃가루 바구니가 있다. 바구니라고 해도 우리가 쓰고 있는 대나 철사로 만든 바구니가 아니라, 다리에 붙어 있는 긴 털로 둘러싸인 공간이다(그림 3-16).

꿀벌은 꽃 속에서 모은 꽃가루를 이 바구니 속의 굵은 털 주위로 밀어 붙이듯이 하여 굳힌다. 이윽고 꽃가루 덩이가 커다랗게 뭉쳐져 경단 모양이 되는데, 주위의 긴 털이 그것을 지탱하고 있기 때문에 꿀벌이 하늘을 날아가도 떨어지지 않는다.

꽃가루 덩이의 크기는 지름이 2~3㎜, 무게는 10~15㎎(두 다리에 한 개씩으로 20~30㎎)이다. 꿀벌 자신의 무게가 100㎎ 정도이므로, 꿀벌은 체중의 3분의 1에 가까운 무게의 짐을 가지고 하늘을 날아다니는 것이다.

벌집으로 돌아온 꿀벌은 꽃가루 덩이를 단단한 털에서 뽑아내어 집 속에 다 저장한다. 최근에 건강식으로 시중에서 팔리고 있는 꽃가루는 주로 이 꿀벌이 모은 꽃가루 덩이를 말린 것이다.

브라운 운동은 어떤 꽃가루를 물속에다 넣으면 볼 수 있습니까?

"꽃가루를 물속에 넣어 보라. 이렇게 팔딱팔딱 움직이고 있다."

어떤 과학잡지에 이런 제목의 기사가 실렸다. 아이들의 잡지뿐만 아니라 물리나 화학의 전문서적에까지 "꽃가루가 물속에서 움직인다"라고 적혀 있다. 그런데 정말 꽃가루는 물속에서 움직이는 것일까?

브라운(Brown) 운동이라는 것은 물속에 있는 매우 미세한 입자가 물분자 운동에 의해 경련을 일으키듯이 팔딱팔딱 떨며 움직이는 현상인데 입자가 브라운 운동을 하기 위해서는 그 지름이 1미크론(μ, 1㎜의 1,000분의 1), 또는 그 이하가 아니면 안 된다. 그런데 화분의 크기는 작은 것이라도 10μ 이상이고 큰 것은 200μ이나 된다. 이렇게 큰 입자가 브라운 운동을 할 턱이 없다. 따라서 "어떤 식물의 꽃가루도 브라운 운동은 하지 않는다"라고 대답해야 할 것이지만, 이 문제에 대해서는 좀 더 자세히 얘

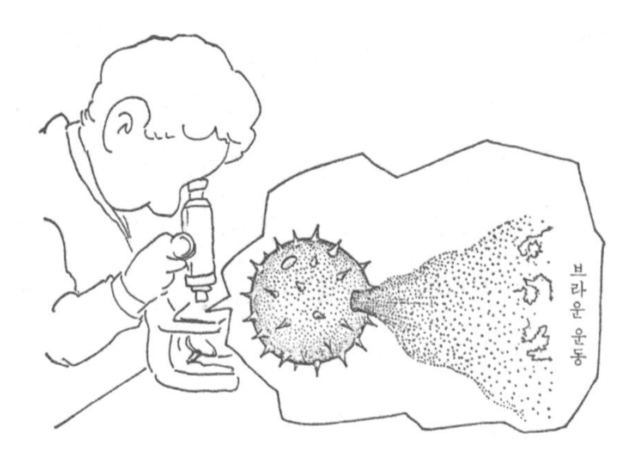

그림 3-17 | 꽃가루 속에서부터 나오는 미세한 입자가 브라운 운동을 한다

기하기로 하자. 브라운 운동의 발견자는 영국의 식물학자 로버트 브라운(R. Brown)인데, 그 자신도 "꽃가루가 물속에서 움직인다"라고 듣는다면 깜짝 놀랄 것이다. 왜냐하면 당시 브라운이 연구하고 있었던 것은 꽃가루 자체가 아니라 꽃가루 속에 들어 있는 무수한 미세 입자의 움직임이었기 때문이다. 당시(1828년)의 생물학자들은 꽃가루 속에 들어 있는 이들 미세 입자가 식물의 정충이라고 생각하고 있었다. 그리고 식물의 정충 운동에 관한 연구는, 지금으로 말하면 DNA나 RNA의 연구 등과 같이, 그 무렵의 연구자에게 있어서는 첨단적인 작업이었다. 브라운도 그 정자(라고 생각하고 있던 미세 입자)의 움직임을 연구하고 있었다.

어느 날 그는 알코올에 담가 두었던 식물 꽃가루 속의 미세 입자가 움직이는 것을 알아채고, 이상하게 생각하여 20년이나 전에 표본용으로 말려두었던 꽃의 꽃가루도 같은 방법으로 관찰하였는데 그 속의 미세 입자도 물속에서 팔딱팔딱 움직였다. 또 줄기에도 뿌리에도 물속에 넣으면 움직이는 입자가 있다는 것을 확인했다. 그 후 브라운은 재(灰), 암석, 유리 등 신변의 모든 것과 그리고 마지막에는 운석(隕石)과 스핑크스의 조각까지 미세한 입자로 만들어 물속에 넣고 본 결과 그 입자도 물속에서 움직이는 것을 확인했다. 이것이 세상에서 말하는 '브라운 운동'의 발견이다.

위와 같이 살펴보면 꽃가루 입자의 크기로 보아서나, 꽃가루의 연구사(研究史)로 보아도 '꽃가루가 물속에서 움직인다' 따위의 일은 있을 수 없을 터인데도, 현실적으로 일본에서는 물리학의 전문서적이나 교과서에까지 "꽃가루를 물속에 넣으면 팔딱팔딱 움직인다. 이것이 브라운 운동의 발견이다"라고 씌어 있다. 그 이유는 브라운의 논문을 최초로 일본에 소개한 어떤 저명한 물리학자가 '꽃가루 속에 들어 있는 미세 입자가'라고 번역해야 할 것을 그만 '꽃가루 알갱이가'라고 번역해 버렸고, 그것을 그 후의 물리학자들이 그대로 계승하여 '꽃가루가 움직인다'라고 써왔기 때문이다.

따라서 이 질문에 대한 대답은 '옥수수, 백합, 호박 등의 꽃가루를 물속에 넣어 커버 글라스로 눌러 짓이기듯이 하여 속의 미세 입자를 바깥으로 쏟아 놓으면, 그 미세 입자가 브라운 운동을 하고 있는 것을 볼 수 있다'라고 설명해야 할 것이다.

그렇기는 하더라도 일본의 학자들이 150년 동안이나 '꽃가루가 물속에서 움직인다'라고 확인도 하지 않고 태연하게 써내려 온 것에 비하면,

온갖 물질을 모조리 물속에다 넣고서 철저하게 자신의 눈으로 확인하려 했던 브라운의 태도는 과학 연구에 있어서 무엇이 가장 소중한 일인가를 가르쳐 주고 있는 것이다.

꽃이 핀 뒤 열매가 달리는 식물과 달리지 않는 식물에는 어떤 차이가 있습니까?

'꽃이 피면 수술의 꽃가루가 암술에 붙어서 열매(씨앗이나 과실)가 만들어진다'라고 하는 것은 누구라도 알고 있지만 실제로는 꽃이 많이 피면서도 열매가 달리지 않는 일이 흔하게 있다.

그 이유는 여러 가지이지만, 다음의 어느 경우에는 꽃이 피어도 열매가 달리지 않는다.

1. 암술과 수술 중 어느 쪽이 좋지 못할 경우—이를테면 수술이 발아력 없는 꽃가루를 만들 때는 꽃은 피어도 열매가 달리지 않는다. 겹꽃에서는 암술이나 수술이 불완전한 경우가 많아 겹꽃은 열매가 달리지 않는 것이 보통이다.

2. 꽃가루가 암술에 붙지 않을 때—꽃가루는 자신이 이동할 수 없어, 바람이나 벌레의 도움을 빌려 수술에서 암술로 옮겨지는데, 꽃이 피어도 추워서 곤충이 오지 않거나, 비가 오는 날이 계속되거나 하면 암술에 꽃가루가 붙을 수 없어 열매가 달리지 않는다.

그림 3-18 | 꽃이 피어도 열매가 달리지 않는 일이 있다

3. 자가불화합성을 가지고 있을 때—자가불화합성을 가지고 있는 식물(배, 사과, 복숭아 등)의 경우라면, 같은 꽃(근친)의 꽃가루가 암술에 붙으면 씨앗을 만들지 않는다. 그 때문에 마당에 한 그루의 배나 복숭아나무만이 심어져 있을 경우에는 꽃은 피어도 열매가 달리지 않는 것이 보통이다. 이럴 때는 가까이에 다른 품종의 나무를 한 그루 더 심어 두면 열매

가 달리게 된다.

개나리는 보통 꽃은 피어도 열매가 달리지 않는다고 말하는데 그 꽃과 다른 품종의 꽃가루가 붙게 해주면 열매가 잘 달린다.

이 밖에 영양분이 극단적으로 부족하거나, 한 그루의 식물에 꽃이 지나치게 많이 달렸을 때도 열매가 달리지 않는 수가 있다.

라플레시아는 생물 중에서도 가장 진화한 생물이라고 불리는데 그 까닭은 무엇입니까?

진화상 진보한 생물이냐 어떠냐는 것은 여간 어려운 문제가 아니지만 라플레시아(Rafflesia arnoldi)가 그렇다고 일컬어지는 것은 다음과 같은 이유 때문일 것이다.

라플레시아는 수마트라의 정글 속에서 볼 수 있는 식물로, 큰 나무뿌리에 기생하면서 지름이 1m나 되는 큰 꽃을 피우는 것으로 유명하다. 기생식물은 다른 식물의 몸에 기생하면서 줄기와 잎을 가진 것이 보통인데(보기: 겨우살이), 라플레시아는 처음부터 줄기도 잎도 없고, 커다란 꽃이 직접 헛뿌리(假根)와 같은 것을 큰 나무의 뿌리 속으로 뻗어, 그 나무로부터 양분을 빨아들이고 있는 불가사의한 식물이다.

생물이 생명 활동을 하는 데는, 어떤 일이 있어도 자신이 하지 않으면 안 될 경우와 대신해 줄 그 무엇이 있어 그것에 다 맡겨도 되는 경우가 있

그림 3-19 | 세계에서 제일 큰 라플레시아의 꽃

다. 이를테면 인간의 생활 속에서 공부하거나, 자손을 남기는 일은 아무래도 자기가 해야 하지만, 빨래를 하거나 밥을 짓거나 하는 일은 누구에게 시켜서 할 수가 있다. 실제로 많은 가정에서는 이런 일을 세탁기나 자동으로 밥을 짓는 기계에다 맡기고 있다.

식물의 세계에서도 마찬가지이다. 태양빛을 써서 당과 녹말을 만드는(광합성을 하는) 일이나, 무거운 몸을 지탱하는 등의 일은 무척 힘든 일이므로 될 수만 있다면 남에게 맡기고 싶다.

그런데 라플레시아는 잎도 줄기도 없는 꽃뿐인 생물이다. 반드시 자신이 해야만 할 생식(자손을 남기는 일)만을 자신이 하고, 다른 일은 모두 정글 속의 큰 나무에 맡겨 놓고 있다. 이런 굉장한 식물, 즉 섹스에만 전념하고 있는 생물이란 적어도 고등한 생물에는 예가 없는 것이라 할 수 있다.

이렇게 생각해 보면, '라플레시아는 가장 진화된 생물이다'라는 말의 뜻이 꽤 분명해졌을 것이다.

버섯 같은 모양의 종용은 씨앗을 만듭니까?

종용은 형태도 그 생활 양식도 버섯을 닮았지만, 종자식물(種子植物)이기 때문에 당연히 씨앗을 만든다.

종용처럼 다른 식물에 기생하는 식물을 기생식물이라고 하는데, 기생식물 중에는 겨우살이와 좁쌀풀 등과 같이 기생을 하면서 자신도 광합성을 하여 필요한 영양분을 합성하고 있는 것도 있으나, 종용은 엽록소도 없고 완전히 숙주인 참억새나 양하에만 의지해서 살고 있다.

종용의 생활 양식에 대해서는 아직도 모르는 일이 많지만, 씨앗을 만든다는 것은 틀림없는 일이다. 씨앗의 크기는 1㎜의 10분의 1 정도로 식물의 씨앗 중에서 가장 작은 것이다.

더구나 그 씨앗 주위에는 쇠그물을 돌돌 말아서 찌그러뜨린 것과 같은 독특한 무늬(부속물)가 붙어 있다. 이런 것을 볼 때 종용의 씨앗은 바람에 날려 번식하는 것으로 생각되지만, 자세한 것은 분명하지 않다.

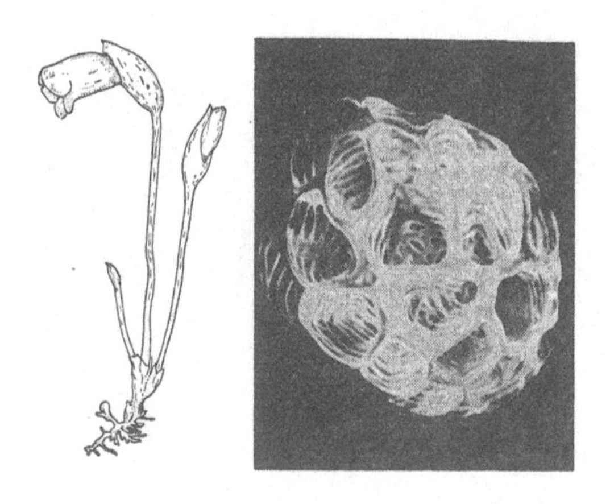

그림 3-20 | 종용과 그 씨앗(우) (주사 전자현미경 사진)

씨앗이 발아할 때는 왜 빛이 필요하지 않습니까?

식물이 자랄 때 빛이 필요한 것은 광합성을 하여 당 등의 유기물을 합성하기 위해서이다. 왜 유기물이 필요한가 하면, 식물은 자기 몸을 유기물로써 구성하고 있기 때문인 것과 생활에 필요한 에너지를 유기물 속으로부터 끌어 내기 위해서이다.

우리가 날마다 식사를 하여 당과 단백질 등을 얻는 것도 자기 몸을 만들기 위한 것과 에너지를 얻기 위해서인데, 어머니의 몸속에 태아로 있을 때는 식사를 하지 않는다. 그것은 탯줄을 통해서 필요한 영양 물질이 모체로부터 공급되고 있기 때문이다.

식물의 씨앗 속에는 동물의 태아에 해당하는 씨눈이 있다(그림

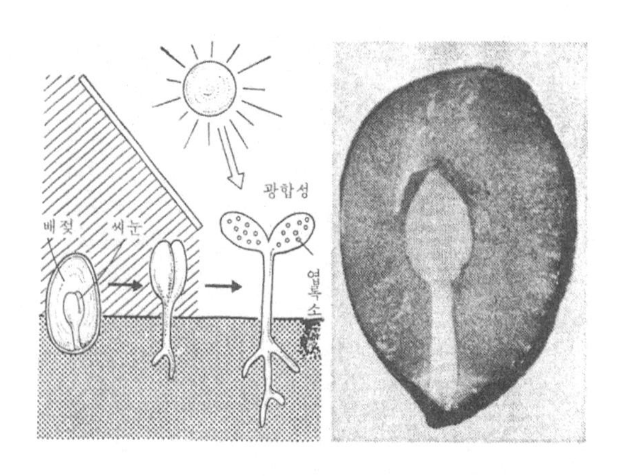

그림 3-21 | 씨앗의 발아와 빛과의 관계(좌), 감나무 씨앗 속의 씨눈(우)

3-21). 씨앗의 발아라고 하는 것은 이 씨눈이 크게 자라서 씨껍질(種皮) 바깥으로 나오는 것을 말하는데, 씨눈이 아직 작을 적에는 모체로부터 영양분을 받는다. 씨앗 속의 씨눈 주위에는 배젖(胚乳)이 있는데, 이 속에는 다량의 영양분이 저장되어 있다. 씨눈이 씨껍질에서 나와도 얼마 동안은 이 배젖으로부터 영양분이 보급되고 있는 것이다.

봄이 되면 씨눈이 발육하기 시작해서 씨껍질로부터 밖으로 나와 잎을 열고 뿌리를 흙 속으로 뻗게 된다. 그러면 잎에 엽록소가 만들어져서 광합성을 하게 되고, 이후는 스스로 빛을 받아 유기물을 합성하면서 살아간다.

위는 일반적인 씨앗의 발아와 빛과의 관계를 말했는데, 실은 씨앗 중에는 빛이 없으면 싹을 트지 않는 것도 있다. 벌레잡이제비꽃, 개구리자리, 겨우살이, 상치(그란드라피즈종) 등의 씨앗이 그 예이고, 이와 같은 씨앗을 '명발아종자(明發芽種子)'라 부르고 있다.

명발아종자가 발아를 위해 필요로 하는 빛은 적색광이고, 청색광에서는 싹을 틔우지 않는다. 이런 것으로부터 발아에 빛이 필요한 것은 광합성 때문이 아니라는 것을 알 수 있다(광합성은 청색광에서도 이루어진다). 명발아종자의 발아기구(發芽機構)는 아직 잘 모르지만, 이들의 씨앗 속에는 피토크롬(phytochrome)이라는 특수한 색소가 있어, 그 색소가 선택적으로 적색광을 흡수해서 촉진시키고 있는 것이다.

4장

분자생물학부터 바이오테크놀로지까지

바이러스나 파지는 박테리아와 무슨 차이가 있습니까?

바이러스(virus)나 파지(phage)라고 하는 것은 의학에 관한 얘기 속에 자주 나오는 것으로, 일반적으로는 티푸스균이나 콜레라균과 같은 병원균(박테리아)의 일종으로 생각하고 있는 것이나, 박테리아와는 분명히 다른 것이다.

바이러스나 파지가 박테리아와 다른 이유 중 하나는 그 크기이다. 박테리아(세균류)는 적다고는 하나 1㎜의 1,000분의 1 정도이므로, 보통의 광학현미경으로도 관찰할 수 있고 세균여과기(細菌濾過器)에도 걸려든다.

지금부터 약 100년 전의 일인데, 명확한 질병의 원인이 되는 것이라고는 알고 있으면서도 현미경으로도 보이지 않고 세균여과기에도 걸려들지 않는 무엇인가 특별한 물질이 있다고 알려져, 그것을 그리스어로 독(virus)이라고 부르고 있었다. 이윽고 전자현미경이 사용되면서 그 정체를 볼 수 있게 되었다. 그리하여 이 독성 물질이 공 같은 둥근 모양(球狀)이나 막대 모양, 육각형 등 종류에 따라서 여러 가지 형태를 하고 있을 뿐만 아니라, 박테리아와 같이 증식한다는 사실을 알게 되었다. 즉 바이러스는 단순한 물질이 아니라 생물에 가까운 성질을 가졌다는 것을 알게 된 것이다. 이들 바이러스의 크기는 박테리아의 10분의 1에서 50분의 1 정도이므로 광학현미경으로는 볼 수가 없다.

바이러스가 박테리아와 다른 두 번째 이유는 세포로서의 형태를 가지고 있지 않다는 점이다. 생물의 세포 속에는 핵(또는 핵물질), 세포질,

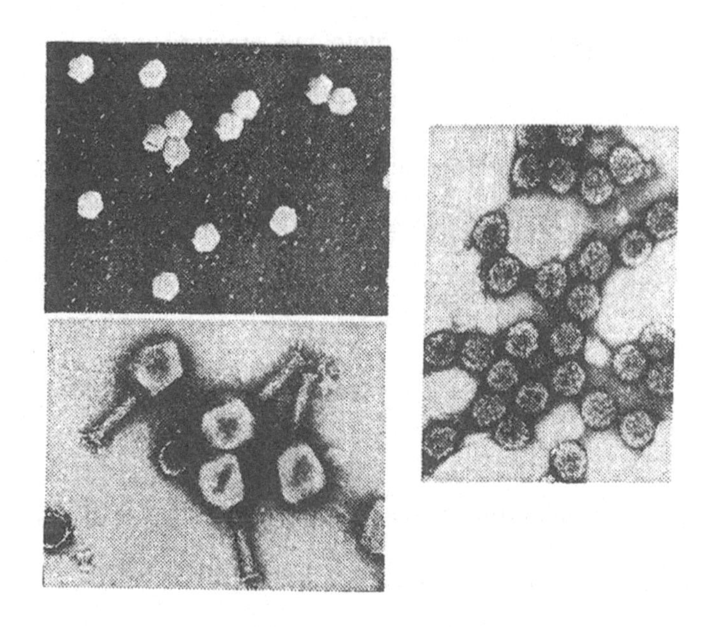

그림 4-1 | 여러 가지 바이러스

세포막 등이 있는데, 바이러스는 이런 구조를 갖지 않는 핵물질(DNA, RNA, 단백질)만으로 된 물질이다. 그러면서도 세포처럼 증식한다.

바이러스가 박테리아와 다른 세 번째 이유는 박테리아는 자신이 둘이 되고 넷이 되어 증식하지만, 바이러스는 자신만으로는 증식하지 못하는 점이다. 바이러스는 그 자체가 분열하여 불어나는 것이 아니라, 생물체 속으로 들어가서 그 생물에게 '자신과 같은 것을 만들게' 함으로써 증식한다.

위와 같은 형질(形質)을 가진 바이러스는 생물이 아닌(따라서 박테리아도 아닌) 것이 확실하지만, 생물과 흡사한 점도 있기 때문에 생물과 무생물의 중간적인 것이라 생각되고 있다.

바이러스에는 갖가지 종류가 있고, 이런 것들이 생물의 몸속으로 들어가 거기서 증식하거나, 특수한 물질을 분비하거나 하여 생물의 몸에 병을 일으킨다. 최근에는 인간의 암도 바이러스에 의해 일어나는 병이라고 생각하게 되었다.

또 바이러스 속에는 보통 동물이나 식물이 아닌 박테리아(세균류)의 몸속에만 기숙하는 특별한 것이 있다. 이와 같은 바이러스를 파지(또는 bacteriophage)라고 한다. 따라서 파지는 바이러스의 일종이라고 하게 된다.

마지막으로, 바이러스가 병의 원인이 되는 상태를 대장균에 붙는 파지를 예로 들어 보기로 하자. 동물의 정자와 같은 모양을 한 파지(그림 4-1)는 꼬리 끝으로 대장균에 부착한다. 그러면 균의 세포막에 구멍이 뚫리고, 그 구멍을 통해 파지의 DNA가 들어간다. 이리하여 십수 분이 지나면 이미 대장균 속에 들어간 파지의 DNA와 같은 것이 만들어지고, 단백질도 만들어져서 파지의 자식들이 연달아 태어난다. 이 파지들의 몸을 만드는 재료는 모두 대장균의 몸속의 것이 쓰이기 때문에, 파지가 증식하면 대장균은 약해져서 마침내 죽고 만다. 그러면 수많은 파지는 그 대장균으로부터 밖으로 나와 다른 균 속으로 들어가 거기서 다시 증식을 계속한다.

암의 약으로도 사용된다고 하는 인터페론이란 어떤 것입니까?

생물은 저마다 자신의 적으로부터 몸을 보호하기 위한 무기를 몸에 지니고 있다. 이를테면 곰팡이와 같은 것에서도 박테리아(세균류)를 공격하기 위한 물질(예: 푸른곰팡이의 페니실린)이 있다.

사람은 결핵균, 폐렴균, 티푸스균 등에 의해 병에 걸리는데, 이들 박테리아가 원인이 되는 병에 걸렸을 때, 사람 자신도 박테리아에 대해 각각의 항체(抗體)를 만들어 대항하고, 곰팡이 등에 의해 만들어진 항생 물질을 몸에 주사함으로써 박테리아를 공격하여 병을 고칠 수가 있다.

사람의 병 중에는 박테리아(세균류)가 아니라 바이러스가 원인인 것이 상당히 있다. 그런데 이 바이러스에 대해서는 보통의 항체나 항생 물질은 효과가 없다. 그래서 사람의 몸은 특별한 바이러스 공격 물질을 만들어 그것을 써서 몸을 지키고 있다. 이것이 '인터페론(interferon)'이다. 인터페론의 정체는 단백질이며, 바이러스의 증식을 억제할 뿐 아니라 박테리아의 세포분열도 억제하는 작용을 지니고 있다. 따라서 인터페론을 많이 만들어 두고, 병에 걸리면 그것을 주사하여 바이러스를 퇴치하는 것은 당연한 일이다.

그런데 사람의 몸속에서 작용하는 인터페론은 사람만이 만들 수가 있고 다른 생물에서는 만들지 못한다. 즉 다른 생물의 몸속에 있는 인터페론으로는 사람의 병을 고칠 수가 없는 것이다. 그래서 전부터 어떻게 해서든지 사람의 인터페론을 대량으로 얻을 수 있는 방법이 없을까 하고 궁

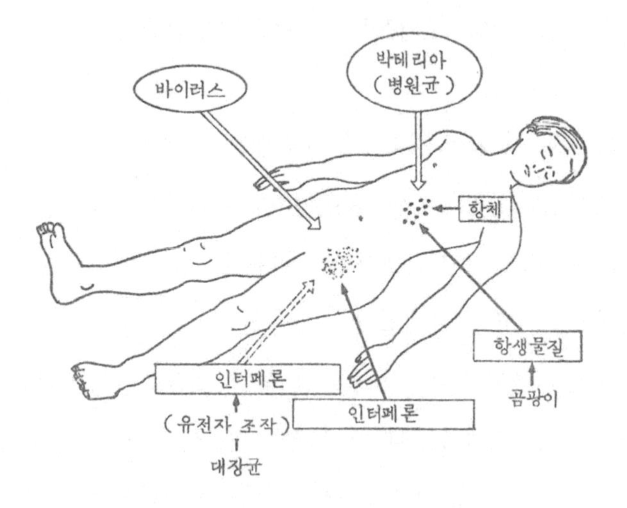

그림 4-2 | 병원균(박테리아)에는 항체와 항생물질이, 바이러스에는 인터페론이 대항한다

리하고 있었는데, 최근에 그것이 가능하게 되었다. 대장균의 DNA에서 그 일부를 잘라내고 거기에다 사람의 인터페론을 만드는 지령(m-RNA)을 내리는 DNA의 절편을 이식하여, 그 균을 증식시키면 대장균이 연달아 사람의 인터페론을 만들어 내는 것이다(그림 4-2). 이 인터페론의 대량생산은 유전자조작(遺傳子操作) 기술이 가장 잘 응용된 예라고 할 수 있다.

바이오매스란 어떤 것을 말합니까?

이 말은 최근에 자주 신문에도 나오게 되었는데, 우리말로 번역하면 '생물연료(生物燃料)' 또는 '생물자원(生物資源)'이라고 하게 된다. 그러나 이것으로는 도리어 알기 힘들게 되기 때문에 바이오매스(biomass)라는 말이 그대로 쓰이고 있는 것 같다.

동물이건 식물이건 생물의 몸은 당, 녹말, 셀룰로스, 단백질, 지방 등의 유기물로 이루어져 있는데, 이 물질들 속에는 대량의 화학 에너지가 함유되어 있다. 이 화학 에너지는 생물이 살아가기 위한 에너지로 쓰이고 있는데, 이 에너지의 근본은 식물이 광합성에 의해 태양의 빛 에너지(물리 에너지)를 화학 에너지로 변환하여 몸속에 저장한 것이다.

이렇게 보면 생물의 몸 자체가 지구 표면에 있는 '에너지의 저장고'라고 생각된다. 바이오매스(생물연료 및 생물자원)라는 것은 이 생물체 내에 저장된 에너지를 지닌 물질을 말하며, 인간을 위해 그 에너지를 이용하려는 것이 최근에 갑자기 화젯거리가 되고 있다.

우리 조상은 직접 마른 잎이나 나뭇가지를 태우거나, 나무에서 숯을 만들거나 하여, 예로부터 바이오매스를 이용하고 있었다고 하겠는데, 이제 와서 새삼스럽게 바이오매스의 이용 문제가 거론되는 것은 여태까지와는 다른 이용 방법이 있다는 것을 알았기 때문이다.

현재부터 미래에 걸친 문제로서 가장 시선을 끌고 있는 것은, 생물체로부터 석유와 같은 물질을 끌어내려는 연구이다. 이를테면 오스트레일

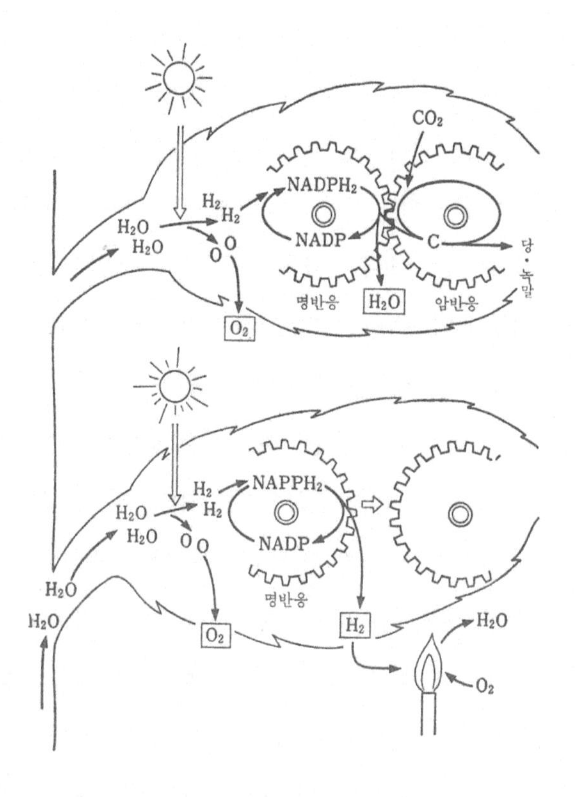

그림 4-3 | 광합성의 명반응(위)과 암반응을 분리하여 수소연료를 추출하는(아래) 연구

리아에 많은 유칼리(eucaly)나무는 떡갈나무나 녹나무의 10배나 빠르게 성장하는데, 이 나무에 포함된 유칼리 기름은 인화점이 약 50℃, 옥탄가가 100(가솔린 90, 하이옥탄의 가솔린 95), 연소했을 때 일산화탄소의 양은 가솔린의 4분의 1이라고 하므로 자동차용 연료로서 유망하다. 그러므로 장래에는 유칼리나무가 코알라(koala: 오스트레일리아산 곰의 일종)

를 위해서가 아니라 인간을 위해 재배되게 될지도 모른다.

또 사탕수수 등의 식물로부터는 다량의 알코올을 얻을 수 있다. 예를 들면 브라질 등에서는 알코올로 자동차를 달려가게 하는 일이 아주 예사로이 이루어지고 있다. 현재 사탕수수 외에 벼의 왕겨나 고구마, 번식력이 왕성한 부레옥잠, 바닷속에 정글을 형성하여 돋아 있는 자이언트 켈프(giant kelp: 하루에 약 60㎝나 성장한다) 등으로부터 알코올을 얻어, 그것을 연료로 하려는 연구가 일본과 미국에서 활발하다.

이 밖에 하수 등의 배수 속에 번식하고 있는 생물에 의해 생성되는 메탄을 끌어내어 연료로 하거나, 식물의 엽록소를 전지 대신 사용하는 등, 여러 가지 바이오매스의 연구가 행해지고 있는데, 마지막으로 식물로부터 직접 수소연료를 끌어내는 재미있는 연구를 예로 들기로 한다.

이것은 미국에서 시작된 일인데, 광합성에는 명반응(明反應)과 암반응(暗反應) 과정이 있다. 먼저 일어나는 명반응 과정은 태양의 빛 에너지로 물을 수소와 산소로 분해하는 반응이다. 이때 산소는 공기 속으로 버려지는데, 수소는 NADP라는 물질과 결합해서 $NADPH_2$가 된다.

후반의 암반응에서는 $NADPH_2$와 ATP의 작용에 의해 공기 속의 이산화탄소(탄산가스)가 흡수되어 당과 녹말이 만들어진다.

이 광합성의 두 가지 반응을 구분한다면, $NADPH_2$는 이산화탄소를 흡수하는 암반응에는 쓰이지 않고 H_2를 떼어 내 NADP가 된다. 따라서 광합성의 명반응만을 헛돌게 하면 거기에 연달아 수소가 발생하는 이치가 된다(그림 4-3).

이 광합성의 명반응을 이용한 연료생산 방법은 원료를 물로 하고, 그것을 연소했을 때 해로운 가스가 나오지 않기 때문에 공해가 없는 연료를 무한으로 생산하는 방법이라고 할 수 있다. 또 연구실 안에서의 일이기는 하지만 장래에 이것이 실용화되면 바다로 둘러싸인 일본은 단번에 에너지의 산출국이 될지도 모를, 꿈을 지닐 수 있는 바이오매스 연구이다.

클론 생물이란 어떤 생물을 말합니까?

인간의 부모와 자식, 형제, 자매 등의 얼굴 모양이나 성질은 서로 닮은 데가 있지만 조금씩은 다르다. 이것은 저마다의 사람이 지니고 있는 DNA의 구조가 세세한 점에서 다르기 때문이다. 이것은 인간 이외의 동물이나 식물도 마찬가지로 적용된다.

만약에 DNA의 구조(누클레오티드=nucleotide의 배열)가 똑같은 생물이 있다고 한다면, 그 두 생물의 형상이나 성질은 완전히 같아질 것이다. 최근에 DNA의 구조가 같은 (같은 유전자를 가진) 생물을 인위적으로 만들어 낼 수 있게 되었다. 이렇게 해서 만들어진 똑같은 유전자를 갖는 생물을 클론(clone) 생물이라고 한다.

클론이란 본래 그리스어로 '가지(枝)'라는 뜻이며, 생물의 몸 일부로부터 만들어진 것이라는 의미에서 태어난 말인 것 같다.

클론 생물에 대한 최초의 훌륭한 실험은 1958년, 캐나다의 스튜어트

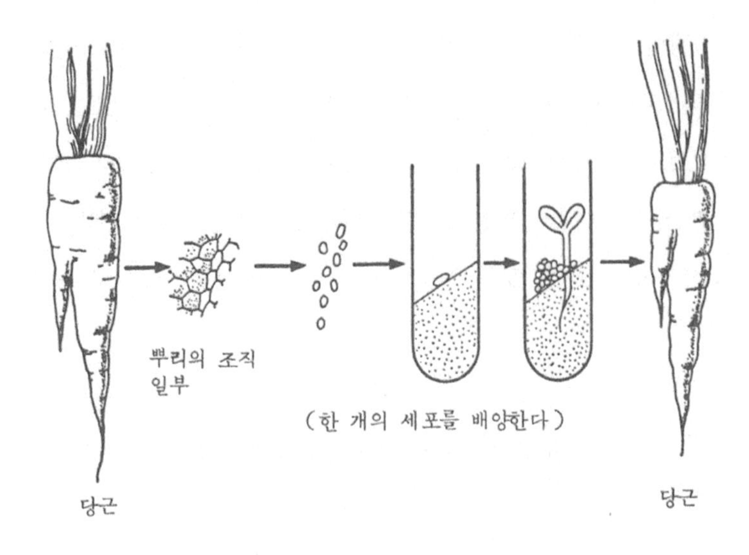

그림 4-4 | 클론 당근(복제 당근)을 만드는 방법

(Steward)에 의해 이루어졌다. 그는 당근 뿌리의 세포를 떼어 내 그것을 배양함으로써 같은 당근을 만들어냈다. 이 새로 만들어진 당근은 본래의 당근과 같은 유전자(DNA)를 가지고 있으므로 당연히 형상과 성질도 같아진다. 이때 그 당근과 본래의 당근의 관계는 양친과 자식과의 그것이 아니다. 양친과 자식이라면 서두에서 말한 대로, 닮았기는 해도 유전자도 틀리는 데다 형상과 성질도 다르다. 클론의 경우는 알기 쉽게 말하면, 노트를 복사기로 복사한 것과 같은 것이다. 사실에 있어 클론 당근을 가리켜 카피 당근(복제 당근)이라고 말하는 사람도 있다.

동물에서는 이처럼 세포 하나에서부터 동물을 만들어 내었다는 예는

그림 4-5 | 아프리카 집게발 개구리

아직 없으나, 핵이식(核移植)이라는 방법으로 클론 동물(복제 동물)이 만들어졌다. 핵이식이란 이를테면 아프리카 집게발 개구리(claw frog)의 난세포를 많이 준비하여 그들의 세포로부터 핵을 제거(또는 방사선으로 핵을 죽여서)하고 거기에다 한 마리의 아프리카 집게발 개구리 올챙이 몸의 세포로부터 취한 핵을 하나씩 넣는다. 그러면 난세포는 올챙이의 핵으로부터 지령을 받아서 성장과 발육을 하기 때문에 거기에는 모두 같은 형상과 성질을 가진 개구리가 생기게 된다. 즉 핵을 추출한 개구리(올챙이)와 복제 개구리가 되는 것이다. 아프리카 집게발 개구리에서는 이 방법으로 이미 수만 마리나 되는 복제 개구리(클론 개구리)가 만들어지고 있다.

이 클론 생물을 만드는 방법은 최근 바이오테크놀로지의 하나로서 크게 주목받는다. 한 개체로부터 같은 것이 많이 만들어지기 때문에 작물이나 가축의 번식에 이용할 수 있다. 이미 달리아와 난과 식물인 심비디움(cymbidium) 등에서는 꼭지눈(頂芽) 부분을 작은 조직으로 절단하여 배양하면 각각의 조직으로부터 본래의 식물과 같은 클론이 만들어지게 되어 있다. 우수한 성질의 식물이 발견되면 이렇게 클론을 만들어 증식하면 되기 때문에 그 이용 가치가 매우 크다.

동물에서의 클론 이용은 식물만큼은 아직 진척되고 있지 않지만 이미 산양, 소 등의 가축 번식에 있어서 우수한 계통의 수정란이 둘로 갈라졌을 때 그것을 분리하여 두 개의 배(胚: 수정란이 분열하여 동물의 몸으로 자라기 시작한 것)를 얻은 후 그것을 다른 동물의 자궁 속에 넣어 키움으로써 같은 유전자를 갖는 동물 두 마리를 동시에 낳게 하는 데 성공하고 있다.

몸의 세포가 수정을 한다는 것은 어떤 의미입니까?

생물 교과서에는, 생물의 생식에는 무성생식과 유성생식이 있다고 쓰여 있다. 무성생식은 짚신벌레가 분열해서 불어나거나, 백합을 구근으로 증식하는 것이고, 유성생식은 난세포와 정자(정세포)를 만들어, 그것을 합체(合體)시켜서 자손을 만드는 것이다. 이처럼 수정은 생식을 위해 만들어진 특별한 세포이며, 몸의 세포는 분열해도 수정은 하지 않는다는 것이 지금까지의 생물학 상식이었다.

그런데 최근에, 여러 가지 생물에서 체세포끼리 합체하여 새로운 세포를 만든다는 사실을 알게 되었다. 이 현상을 '세포융합(細胞融合 또는 磨細胞融合)'이라 부르고 있다.

그림 4-6 | 체세포가 수정하는 체세포 잡종시대가 되면?

세포융합의 연구는 프랑스의 파스키가 두 마리 쥐의 체세포를 하나의 배지(培地) 속에 넣어 두었더니, 그 속에서 두 개의 세포가 합체하여 분열하는 무언가를 관찰(1960년)하면서부터 시작된다.

캐나다의 칼슨들은 염색체 수가 다른 두 종류의 담뱃잎을 써서, 먼저 효소를 사용해서 세포벽을 녹이고, 속의 부드러운 세포를 끌어내어 잎의 세포끼리 융합시키는 데 성공했다(1972년). 이렇게 해서 만들어진 담배의 염색체 수는 두 종류의 염색체를 합한 수가 되었다. 따라서 세포융합으로 만들어진 것은 보통의 새끼 생물과는 다르며 클론 생물도 아니다. 그러나 양친 모두와 닮았으므로 '체세포잡종(體細胞雜種)'이라고 바꿔 말할 수 있다.

이와 같이 체세포가 수정하여 잡종을 만든다는 것은 무성생식도 아니고 유성생식도 아니다. 요컨대 매우 비상식적인 새로운 생식 방법이다.

그 후 독일의 멜처스(G. Melchers)는 1978년에 감자와 토마토의 잎으로부터 효소를 사용하여 세포를 추출하고 그것을 수정시켜 잡종을 만들어 내었다. 멜처스는 이 양친의 중간 성질을 가지고 있는 새 식물에 포테이토와 토마토의 특이 생물이라는 뜻에서 '포마토'라는 이름을 붙였다. 그러나 이 포마토는 아직 지상 부분의 가지에 토마토가 달리고, 지하 부분의 뿌리에는 감자가 달리는 데까진 이르지 못하고 있다.

마찬가지의 방법으로 최근에 일본에서는 배추와 양배추의 체세포잡종이 만들어졌다. 이렇게 하여 현재는 식물의 체세포를 수정시키는 작업이 그렇게 희한한 일이 아니게 되었다.

동물에서는 다른 종류의 세포끼리 수정시켜 새로운 동물을 만든 예가 없는 것 같다. 그러나 사람의 암세포(헬라세포)와 쥐의 체세포를 합체시키거나, 또는 사람의 암세포와 담뱃잎의 세포를 합체시킨 예가 나와 있다. 감자와 토마토의 잡종 정도라면 몰라도, 장래에 사람과 쥐, 사람과 담배 등의 잡종이 만들어진다면 인간 세계는 어떻게 될까? 이 세포융합은 유전자조작의 연구와 마찬가지로 흥미 본위로만 진행해서는 안 될 일이다.

꽃가루로부터 식물을 만드는 방법에는 어떤 것이 있습니까?

꽃가루는 식물에서 웅성(雄性)의 생식세포(정확하게 말하면 그 그릇)로 씨앗과는 다르므로 꽃가루로부터 식물이 만들어진다는 것은 자연계에 있을 수 없는 일이며, 있어서도 안 되는 일이다.

그런데 지금부터 약 20년 전 인도 데일대학의 구하와 마헤 슈와리는 흰독말풀의 꽃밥(꽃의 수술 끝에 있는 꽃가루가 든 주머니)을 시험관 속에서 배양하다가 거기에 싹과 같은 것이 트고 있는 것을 보았다. 이윽고 그 싹으로부터 잎을 단 줄기가 뻗어나고 뿌리가 돋았다. 더구나 그 식물의 염색체 수는 흰독말풀(24개)의 절반인 12개밖에 없었다. 이것은 꽃밥 속의 꽃가루 세포(염색체 수가 어미 식물의 절반)가 분열하고 분화(分化)해서 새로운 식물이 되었다는 것을 알려준 것이다.

이 사실은 1964년에 영국의 자연과학지 'Nature'에 발표되어 온 세계의 연구자를 깜짝 놀라게 했다. 그리고 1968년 일본에서는 니제키(新關)와 오노(大野)라는 두 사람이 벼에서, 또 다나카(田中)라는 담배에서 각각 꽃밥 속의 꽃가루 세포로부터 어미 식물 절반의 염색체를 가진 새로운 식물을 만들어 내는 데 성공했다. 지금은 밀, 보리, 딸기, 가베라(garbera) 등 200종류에 가까운 식물에서 꽃가루로부터 식물체가 만들어지고 있다.

그런데 여기서 꽃가루라고 하는 것은 꽃에서 나오는 노란색의 꽃가루가 아니라 작은 봉오리 속의 아주 여린 꽃가루이다. 실제로 배양하는 방

그림 4-7 | 밀의 꽃가루에서 배양된 밀의 묘종

그림 4-8 | 약배양은 수컷만으로 자손을 남기는 방법이다

법은 이를테면 벼나 밀의 경우 화분모세포(花粉母細胞)가 4개의 작은 세포(포자씨)로 갈라진 직후쯤의 아주 작은 꽃가루가 들어 있는 꽃밥을 질소, 인산, 칼륨, 칼슘, 마그네슘, 망간, 코발트, 철, 구리 등의 무기물과 비타민, 그리고 2·4—D 등이 들어간 배지에서 배양한다.

27℃ 속에서 수 주간을 배양하면 '캘러스(Callus)'라고 불리는 세포의 덩어리가 생긴다. 이 캘러스를 2·4—D 대신 나프탈렌아세트산(옥신의 일종)을 함유하는 배지에다 옮겨 빛을 쪼이면서 배양하면 이윽고 그 덩어리의 일부에서 녹색 잎과 흰 뿌리가 나와 성장하기 시작하고 하나의 완전한 식물체가 된다.

이 작업은 꽃가루의 세포를 쓰기 때문에 그 세포만을 배양하면 될 것 같은데도 그것으로는 잘 안되고 꽃밥째로 배양하면 잘된다. 그 때문에 '약배양(葯培養)'이라고도 불린다. 최근에는 배양하는 도중에 콜히친(colchicin)을 주는 등의 방법으로 부모와 같은 염색체 수의 식물을 만들 수 있게 되어 약배양은 바이오테크놀로지의 하나로서 크게 주목받고 있다.

그러나 종래에 자손을 만들 때 웅성(雄性)은 어쨌든 간에 최소한의 자성(雌性)이 필요했는데 이 약배양 기술을 사용하면 암컷 없이 수컷만으로 자손을 남길 수가 있다. 이 기술이 발달하여 장래에 동물이나 인간에게까지 미치게 된다면 인간 세상은 도대체 어떻게 될까?

유전자공학, 세포공학, 생물공학 등의 뜻을 설명해 주십시오

이런 말들은 모두 비교적 최근에 쓰이기 시작한 것으로, 학문적으로는 아직 그 의미가 정착되지 않은 것도 있지만, 일반적으로 쓰이고 있는 의미로서 대답한다.

세포의 핵은 군함에 있어서의 사령실, 회사에서의 사장실과 같은 것으로 그 속에는 세포에 대한 지령을 내리는 DNA가 들어 있다. 세포가 어떤 형상이나 성질을 갖게 되는가는 DNA 나름인데 이 DNA는 아데닌(A), 구아닌(G), 시토신(C), 티민(T)의 네 가지 물질이 모여서 이루어져 있다(그림 4-9). 건축가는 같은 철근으로 조합하는 방법을 바꿈으로써 여러 가지 모양의 빌딩을 만든다. 그것과 마찬가지로 A, G, C, T의 조합 방법을 바꾸면 여러 가지 DNA가 만들어진다. DNA가 다르면 여태까지와는 다른 생물이 만들어지므로, A, G, C, T의 배열을 적당히 바꾸는 것으로 특정한 인위적 성질을 지닌 생물을 만들어 낼 수가 있다. 이와 같은 일을 유전자공학이라고 한다. 대장균의 DNA 일부에 다른 DNA를 이식(移植)하여 특정한 물질을 생산하는 대장균을 만들어 내는 일 등은 유전공학의 좋은 예에 속한다.

하나의 세포 속에는 핵, 세포질, 세모막 등이 있고, 세포질 속에는 골지체, 미토콘드리아, 포자씨(小胞體) 등이 있다. 이들 세포 속의 부품에 특별한 처치를 하거나, 다른 것과 바꿔 넣으면 당연히 생물의 형질이 바뀐다. 이처럼 세포의 일부를 바꿔 넣거나 하여 지금까지와는 전혀 다른

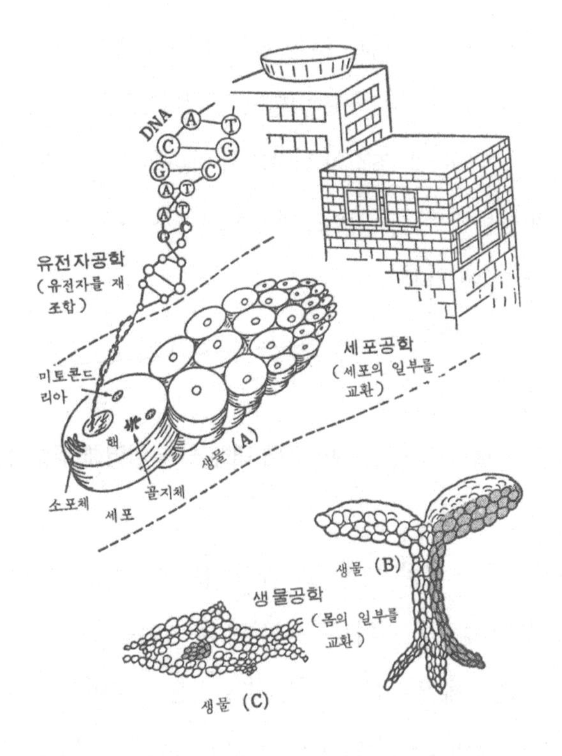

그림 4-9 | DNA의 구조를 바꾸거나(유전자공학), 세포 내의 부분을 바꾸거나(세포공학), 몸 일부의 세포나 조직을 교환하여(생물공학) 새로운 생물체를 만든다

생물을 만들어 내는 것을 세포공학(細胞工學)이라고 한다. 핵을 다른 생물의 것과 바꿔 넣거나(核移植), 세포와 세포를 융합시키거나 하는 일은 세포공학의 좋은 예이다.

또 생물의 몸은 보통 수많은 세포가 모여서 이루어져 있는데 그 속의 일부 세포를 제거하거나 다른 생물의 세포와 바꿔 넣거나 하여 인위적으로 지금까지의 생물과는 다른 것을 만들어 내는 일을 '생물공학(生物工學)'이라고 한다. 종래부터 하고 있던 접목이나 키메라(chimera: 두 개 이상의 아주 다른 계통의 조직이 합해져서 하나의 생물체를 형성하는 것)를 만드는 일(동물에서는 모자이크를 만드는 것이나 장기이식) 등은 생물공학의 대표적인 예이다.

유전자, 핵산, DNA, RNA 등에 대해 쉽게 설명해 주십시오

유전자라고 하는 것은 물질의 이름이 아니고, 세포의 핵 속에 있으며 특정한 형상이나 성질을 나타내는 근본이 되는 부분을 말하는데, 실제는 핵 속에 있는 염색체 일부분을 가리킨다. 이를테면 어떤 생물의 색깔이 붉게 되는 원인이 염색체의 특정 위치에 있다는 것을 알았을 경우, 그 부분이 유전자이다. 유전자는 DNA라는 이름의 핵산 물질로 되어 있다.

여기서 핵산(核酸)을 설명해야 하는데, 핵산에는 두 종류가 있다. 그 하나가 DNA이고, 하나는 RNA이다. 그리고 핵산은 염기(鹽基), 당, 인산 셋이 결합한 하나의 덩어리(누클레오티드: nucleotide)가 길게 연결된 것으로서, 이 속에서 당의 종류가 디옥시리보스(Deoxyribose)냐 리보스(ribose)냐에 따라서 DNA이거나 RNA이 된다(RNA는 염기의 T 대신 우라실: uracil: U로 되어 있다). 또 DNA는 이와 같은 물질이 연속된 두 개의 가닥이 서로 얽혀진 모양으로 되어 있는데(이중 나선 구조), RNA는 한

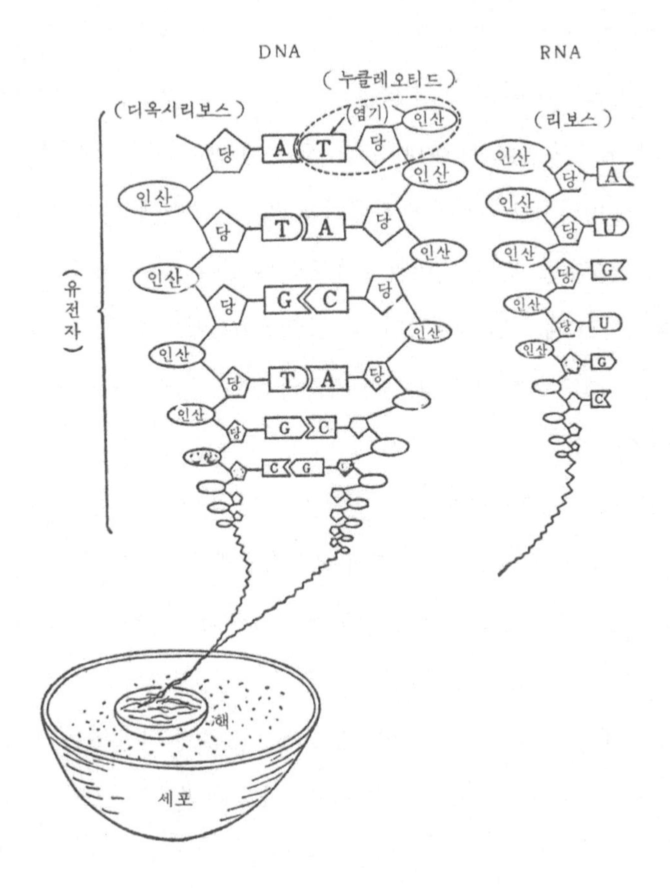

그림 4-10 | DNA와 RNA의 차이

가닥인 채로 되어 있다(그림 4-10).

이와 같은 DNA의 구조는 박테리아(세균류)에서 사람에 이르기까지 모두 같으나, 그 길이는 고등한 생물일수록 길고, 하등한 것일수록 짧은 경향이 있다. 사람의 DNA 길이는 그것을 길게 늘어놓으면 3m나 된다고 한다. 긴 DNA 속에 수만이나 되는 유전자가 있는 것이다. 따라서 하나의 유전자는 하나의 DNA가 아니며, 하나의 누클레오티드도 아니다. 유전자의 종류에 따라서도 다르지만 하나의 유전자는 수백에서 수천의 누클레오티드가 연결(염기의 연결이라고 해도 된다)되어 이루어져 있다. 따라서 유전자가 1만 개나 있는 생물의 DNA는 그 100배 이상의 누클레오티드가 연결된 셈이 된다. 그러므로 한 가닥의 DNA 길이가 3m 이상이나 되는 것이다.

세포가 두 개로 갈라질 때는, 먼저 두 가닥의 DNA가 한 가닥씩 갈라지고, 각각 긴 누클레오티드를 따라 상대 누클레오티드가 만들어지게 되어 있으므로, 세포가 몇 번을 분열하건 거기서 태어나는 것은 본래의 세포 유전자와 모두 같은 유전자를 갖게 된다.

또 바이러스 중에는 유전자가 DNA 대신 RNA로 되어 있는 것도 있는데, 바이러스를 생물의 무리로 넣지 않는다고 하면, 모든 생물의 유전자는 DNA(또는 DNA의 누클레오티드 연결)로 이루어져 있다고 말해도 될 것이다.

단백질이 만들어지는 방법과 전령 RNA(m-RNA)의 작용을 가르쳐 주십시오

세포 속에서는 여러 가지 단백질이 만들어지고 있는데, 단백질이라는 물질은 수많은 아미노산이 연결된 것이다. 생물의 몸속에서 볼 수 있는 아미노산의 종류는 약 20가지인데, 이 아미노산을 A, B, C, D, E……라고 하면, A-B-C-D-E-F……도 단백질이고, B-A-C-D-E-F……도, A-A-C-D-E-F……도, B-B-B-B-B……도 단백질이다. 물론 이 단백질들은 조금씩 성질이 다르다.

단백질을 만든다는 것은 아미노산을 연결하는 일인데, 20종류의 아미노산 100개를 연결해서 단백질을 만들 때는 몇 종류의 단백질이 만들어질까? 이론적으로는 20^{100} 종류의 단백질이 만들어지게 된다. 그런데 비교적 간단한 사람의 헤모글로빈 단백질에서도 571개의 아미노산이 연결되어 만들어져 있으므로, 헤모글로빈 급 크기의 단백질의 경우는 20^{571} 종류의 단백질이 만들어진다.

20의 제곱은 400, 20의 세 제곱은 8,000, 네 제곱은 16만이다. 따라서 20^{671}이라고 하면 거의 무한한 수가 된다. 즉 세포 속에서 단백질이 합성될 때는 무수한 단백질이 만들어질 가능성이 있는데, 실제로는 특정한 종류의 단백질만이 만들어진다. 이것은 '누군가가 합성될 단백질의 종류를 지정하고 있기 때문'일 것이다.

세포 단백질의 종류를 결정하고 있는 것은 핵 속의 DNA이다. 그리고

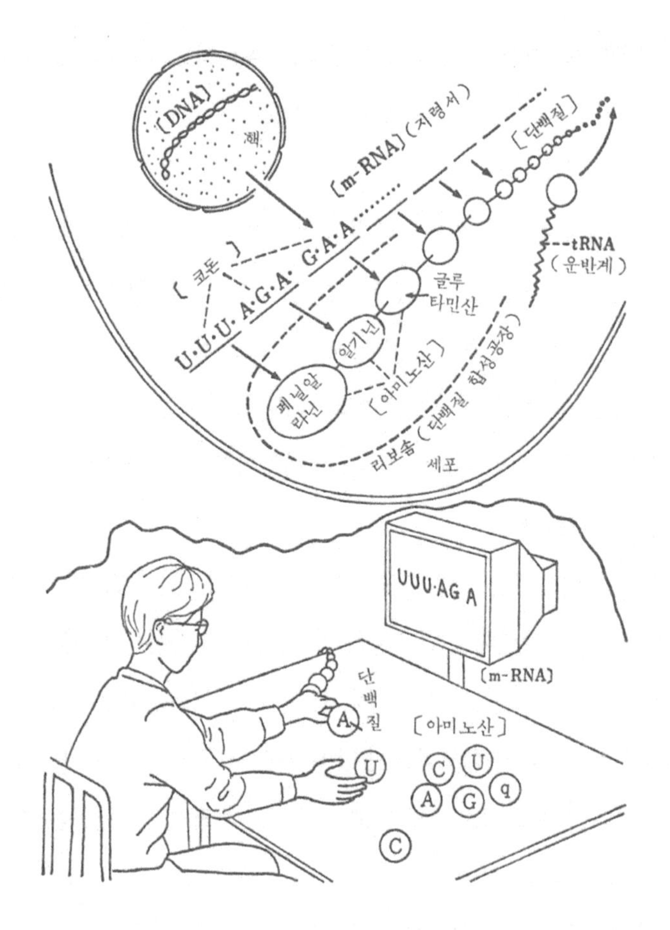

그림 4-11 | 세포 속에서는 핵으로부터의 지령(m-RNA)에 의해 단백질이 만들어진다

DNA로부터의 지령서(指令書)에 해당하는 것이 전령 RNA(messenger-RNA: m-RNA)이다. 핵은 단백질을 만들 때 아미노산의 종류와 배열의 순서를 명시한 m-RNA를 세포질로 향해 내보낸다. 세포질 속에 있

는 리보솜(ribosom)은 단백질의 합성 공장인데, 단백질은 이 리보솜에서 m-RNA 속에 적혀 있는 지시대로 아미노산이 결합함으로써 만드는 것이다.

그런데 여기서 문제인 것은 아미노산의 종류와 순서를 지시하고 있는 '지령서'의 내용이다. m-RNA가 지령서라고 하면, 그 속에 여러 가지 말이 포함되어 있을 것이다. 뜻이 있는 말을 만들 때 영어에서는 abcdef……를, 일본어의 경우는 ア(아) イ(이) ウ(우) エ(에) オ(오)……를, 한국어의 경우에는 가갸거겨고…… 등을 조합하여 말을 만들고 있다. m-RNA, 즉 세포의 말은 어떨까?

m-RNA라는 물질은 아데닌(A), 시토신(C), 구아닌(G), 우라실(U)의 네 가지 물질(염기)이 연결되어 있다. 그것은 세포에서는 이 ACGU 네 글자로 말을 만들고 있다는 것을 뜻한다.

서둘러 결론을 말하기로 하자. 세포가 단백질의 종류를 지정할 때 m-RNA 속의 AUCG 가운데 세 개가 한 세트(의미)가 되어 20종류 중에서 한 종류의 아미노산을 지정하고 있다. 이를테면 AGA는 아르기닌, GAA는 글루타민산, GUU는 발린, UUU는 페닐알라닌……이라는 식이다. 따라서 m-RNA 속의 문자가 U-U-U-A-G-A-G-A-A로 연결되어 있을 경우는 '먼저 페닐알라닌을, 다음에는 아르기닌, 그다음에는 글루타민산……의 순서로 아미노산을 연결시킨 단백질을 만들라!'

는 뜻이 된다. 이와 같이 m-RNA는 세포가 단백질을 만들 때 없어서는 안 될 중요한 역할을 하고 있다.

또 세포의 말 하나하나에 해당하는 UUU, AGA 등으로 한 세트가 된 물질은 '유전암호(codon)'라고 불린다. 또 단백질을 만들 때 m-RNA의 지령대로 아미노산을 리보솜으로 운반해 오는 물질은 '운반 RNA(transfer RNA: t-RNA)'라 불리고 있다.

유전자 조작과 유전자 수술은 무엇입니까?

유전자 조작(操作)과 유전자 수술(手術)은 같은 의미이며, 지금까지와는 다른 형질을 가진 생물을 만들어 내는 것이 목적으로 '인위적으로 DNA(유전자)의 배열을 바꾸는 것'이다.

먼저 유전자를 조작하거나 수술을 하거나 하는 연구가 왜 필요한가를 생각해 보자. 이를테면 유전병의 원인이 되는 유전자의 존재가 발견되었다고 하면, 이 경우에 만약 그 부분(유전자)을 잘라내고, 정상적인 것으로 바꿔 넣을 수가 있다면, 약으로는 고쳐지지 않는 병이 낫게 된다. 또 사람이 자신의 생활에 필수적인 물질을 만드는 데 도움이 될 유전자를, 박테리아의 유전자 속에 이식할 수 있다면, 그 박테리아를 번식시킴으로써 여태까지 사람이 만들고 있던 물질을 박테리아가 만들게 할 수가 있다.

다음은 유전자 조작이 실제로 효과적으로 이용되고 있는 예를 소개하겠다. 사람의 생활에 필요한 인슐린이라는 호르몬은 당뇨병의 치료에 없어서는 안 되는 것이지만, 사람의 몸에서는 아주 조금 밖에 만들고 있지

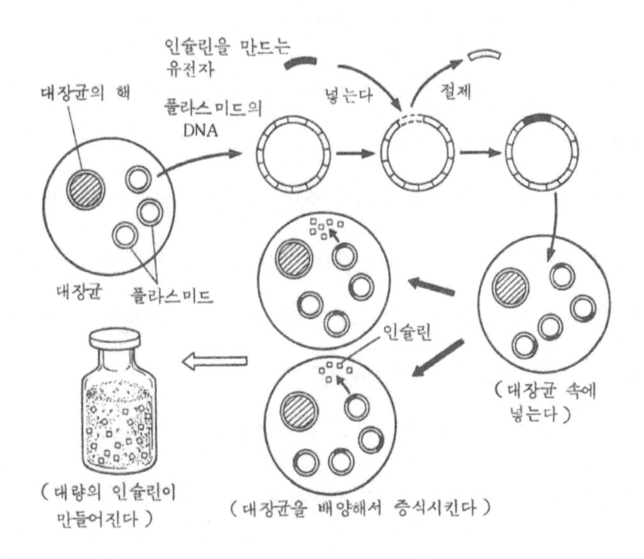

그림 4-12 | 대장균의 플라스미드 DNA에 인슐린을 만드는 DNA(유전자)를 넣어 대장균으로 하여금 인슐린을 만들게 한다

않기 때문에 사람의 몸으로부터 그것을 모을 수는 없다. 그러나 현재는 박테리아인 대장균을 써서 치료약으로서의 인슐린을 대량으로 만들어 낼 수 있게 되었다.

대장균 속에는 플라스미드(plasmid)라고 불리는 DNA로 구성된 특별한 것이 들어 있다. 플라스미드는 핵 바깥에 있는 유전자라고 말해도 될 만한 것으로 대장균 속에 있으며 증식도 한다. 이 플라스미드의 DNA를 가위 구실을 하는 '제한효소(制限酵素)'라고 불리는 특수한 효소로 절단하고 절단한 자리에 사람의 인슐린을 만드는 DNA의 단편(유전자)을 끼워 넣는다. 이때는 '리가제(ligase)'라고 불리는 접착제 작용을 하는 효소를 사용한다.

이렇게 해서 유전자 조작이 이루어진 대장균 속의 플라스미드는 이식된 DNA의 작용에 의해 사람의 인슐린을 만들기 시작한다. 대장균이 증식함에 따라 플라스미드도 불어나기 때문에 대장균의 배양량을 많게 함으로써 얼마든지 인슐린을 생산해 낼 수 있다.

유전자 조작은 이 밖에도 여러 가지 물질을 생산하는 데 도움이 되고 있어 유전자공학 중에서도 가장 각광받고 있는 분야가 되고 있다.

자손을 만들 수 없는 3배체란 어떤 생물입니까,
또 그것은 무엇에 이용됩니까?

생물의 몸을 만들고 있는 세포의 염색체 수는 생물의 종류에 따라서 여러 가지이다. 이를테면 시금치는 12, 파는 16, 옥수수는 20, 수박은 22, 해바라기는 34, 참소리쟁이는 100개이다. 이들의 염색체는 모친의 난세포 염색체와 부친의 정세포 염색체가 합체해서 된 것이므로 난세포의 염색체 수를 n, 정세포의 염색체 수를 n으로 나타내면 체세포의 염색체 수는 2n이 된다. 따라서 생식세포의 염색체 수(n)는 앞에서 든 숫자의 절반, 즉 시금치는 6, 수박은 11이 된다.

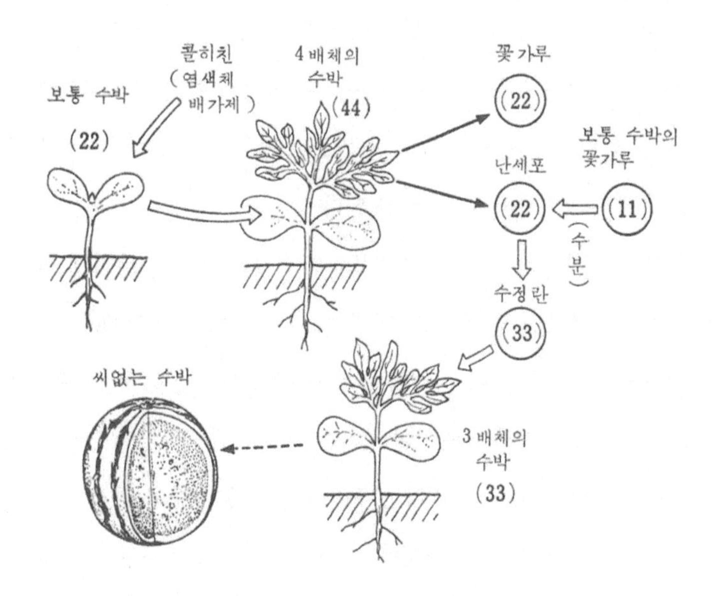

그림 4-13 | 3배체의 수박을 만드는 방법

일반적인 식물의 잎이나 줄기, 뿌리의 세포는 염색체 수가 2n이므로, 이와 같은 식물을 2배체(二倍體)라고 한다. 이에 대해 염색체 수가 3n인 식물을 가리켜 '3배체'라고 하는데, 3배체는 생물이 자라는 도중에 이상 환경(異狀環境)에 부딪혔을 때(예: 고온) 자연적으로 생겨나는 일도 있고, 인위적으로 그것을 만들어 낼 수도 있다.

인위적으로 3배체를 만드는 일반적인 방법은 4배체와 2배체를 교배시키는 것이다. 수박을 예로 들어 말하자. 보통 수박의 염색체 수(2n)는 22이지만, 젊은 묘목에 콜히친(coichicin)이라는 염색체 배가제(倍加劑)

를 발라 주면, 염색체 수가 44인 수박이 된다. 44 는 수박 염색체의 기본 수 (n=11)의 4배이므로 4배체이다. 이 4배체의 수박은 생식세포를 만들 때, 체세포의 반수의 염색체를 가진 세포를 만들기 때문에, 그 수박의 난세포와 정세포의 염색체 수는 22가 된다.

4배체인 수박꽃의 암술에 2배체의 수박 꽃가루를 수분하게 하면 어떻게 될까? 난세포의 염색체(22)와 꽃가루의 정세포 염색체(11)가 합쳐져 33의 염색체 수를 가진 수박이 만들어진다. 33은 11(n)의 3배이므로, 이 수박은 3배체의 수박인 것이다.

3배체 생물의 특징은 보통의 생물(2배체)보다 성장이 왕성하고, 체세포와 기관(예: 꽃이나 잎)이 커진다. 그러나 3배체의 염색체 수는 홀수로 되어 있으므로 생식세포를 만들 때 세포를 둘로 등분할 수가 없다. 그 때문에 완전한 난세포와 정세포(정자)가 만들어지지 않아 자손을 만드는 능력이 없어진다.

현재, 3배체 생물은 이런 특징들을 살려서 여러 곳에 이용되고 있다. 예를 찾아보면, 성장이 왕성하고 각 기관이 커지기 때문에 씨앗을 만들지 않아도 되는 구근이나 분주(分株), 접목 등으로 번식할 수 있는 히아신스. 앵초, 뽕나무, 차(茶), 사탕무 등에서 3배체가 만들어져 재배되고 있다.

최근에는 동물에서도 3배체 이용 연구가 진행되고 있다. 3배체의 물고기는 알과 정자를 만들지 않지만, 그 몫의 영양분이 몸을 만드는 쪽으로 돌려져 굵고 맛이 좋은 물고기로 성장하게 된다. 그래서 3배체의 연어, 은어 등을 만들어 그것을 양식하는 것이 실용화되어 있다.

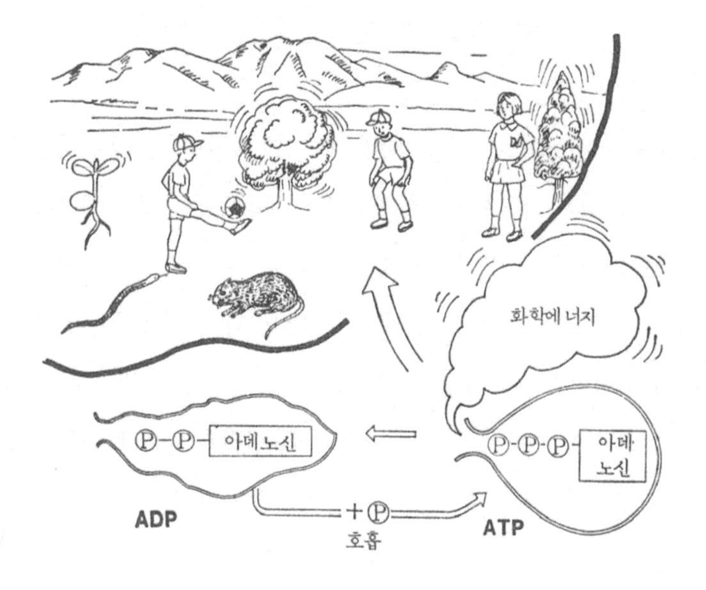

그림 4-14 | ATP와 ADP의 관계

한편, 3배체가 자손(씨앗)을 만들지 않는 것을 이용하여, 인위적으로 씨 없는 과실을 만드는 연구도 하고 있다. 일본의 기하라(木原均)에 의해 처음으로 행해진 씨 없는 수박을 만드는 방법은, 앞서 말한 방법으로 4배체의 수박을 만들고, 그 수박꽃의 암술에 2배체의 수박 꽃가루를 수분하게 함으로써 3배체의 수박을 만든다. 이 3배체의 수박꽃 암술에 2배체의 꽃가루를 수분하면 암술 기부(基部)의 씨방(子房)은 팽창하지만 수정하지 않기 때문에 씨앗이 만들어지지 않는다. 이렇게 해서 만들어진 것이 씨 없는 수박이다.

ATP란 무엇입니까? 알기 쉽게 설명해 주십시오

ATP는 '아데노신 3인산'의 약칭인데, 쉽게 말하면, ATP는 '생물이 살아갈 때 쓰고 있는 에너지를 포함하고 있는 물질' 또는 '화학 에너지가 충만해 있는 주머니'라고 생각하면 될 것이다.

어떤 기계라도 그것이 그저 거기에 있기만 해서는 움직이지 않는다. 기계를 움직이려면 전류를 흘려보내거나 가솔린을 넣는 것과 같이 어떤 에너지가 될 것을 주지 않으면 안 된다. 그와 마찬가지로 생물의 몸도 아무리 정교하게 만들어져 있다고 해도 에너지 없이는 생명 활동을 할 수가 없다.

그런데 한마디로 에너지라고 말하지만 여기에는 여러 가지 종류가 있다. 이를테면 자전거를 움직일 때는 페달을 밟고 전기를 일으킬 때는 물이 떨어지는 힘이나 원자력을 사용한다. 전기기구에는 전기 에너지, 자동차나 선박에는 기름 속에 함유되어 있는 화학 에너지를 쓴다. 생물이 생활할 때 쓰는 에너지도 화학 에너지이다. 이 화학 에너지가 가득 들어 있는 주머니가 바로 ATP인 것이다.

ATP는 아데노신(아데닌과 리보스가 결합한 물질)에 세 개의 인산 가 결합한 것인데, ATP가 하나 떨어져 나가서 ADP(아데노신 2인산)으로 될 때, 대량의 에너지를 방출한다. 식물도 동물도 이때 나오는 화학 에너지를 써서 자라거나 몸을 움직이거나 운동을 한다.

동물도 식물도 호흡을 하는데, 호흡이라는 것은 당 등의 영양분 속에 함유된 에너지(본래는 태양 에너지)를 써서 ATP를 만들어 내는 작업이다.

식물에 방사선을 쪼이면 어떻게 됩니까?

원자폭탄이나 수소폭탄의 폭발 중심지와 같이 높은 선량(線量)의 방사선이 식물에 닿으면 그 식물은 형태도 그림자도 없어져 버리지만 그다지 강하지 않을 때는 잎이나 줄기가 불에 타서 눌은 상태가 되어 식물이 말라 간다. 방사선의 세기를 더욱 약하게 하면 식물이 마르지는 않더라도 성장이 멎거나 기형화된다.

그림 4-15 | 일본 이바라기현 오미야마치의 방사선 육종장

이를테면 산나리의 구근에 1.5킬로뢴트겐의 감마(γ)선을 쬐어서 흙에다 묻어 두면 산나리의 줄기는 길게 뻗지를 못하고 잎이 한군데로 뭉쳐서 야자나무와 같은 형태의 백합이 된다. 방사선의 양을 5킬로뢴트겐(Kr)으로 해보면 산나리의 구근은 눈조차도 트지 못하게 된다.

어떤 종류의 생물에게 방사선을 쬐었을 때 절반은 살고 절반은 죽는 방사선의 양을 그 식물에 대한 방사선의 치사량(致死量: Ld_{50})이라고 한다. 보통 식물의 치사량은 0.5~2Kr인데 단단한 나팔꽃 씨앗의 치사량은 20~50Kr이다.

꽃가루는 세포와 같은 것이므로 얼핏 보기에는 방사선에 약할 것으로 생각되지만 실제는 그와 반대이다. 실험적으로 산나리의 꽃가루에 여러 가지 선량(線量)의 방사선을 쬐어 발아 여부를 조사하면 꽃가루는 5Kr에 이르는 초고선량의 방사선을 쬐어도 아무렇지 않게 발아한다. 100Kr이라고 하면 유리창을 갈색으로 바꿔 놓을 정도의 양이므로 꽃가루가 그 몇 배나 되는 방사선을 받아도 싹을 틔운다는 것은 놀라운 일이다. 그러나 이 방사선을 받은 꽃가루를 암술에 수분시켜 보면 씨앗이 만들어지지 않기 때문에 실질적으로는 이 꽃가루가 살아 있다고는 말할 수 없다.

방사선은 생물의 몸속에서 세포의 핵 부분에 가장 센 영향을 준다. 핵에 극히 미량의 방사선이 닿기만 해도 염색체의 일부가 끊어지거나 DNA의 구조에 변화가 일어나거나 한다. 이리하여 염색체와 DNA가 변화하면 그 식물은 여태까지와는 다른 형태와 성질을 표현하게 된다.

이 방사선의 영향을 이용하여 새로운 품종의 식물을 만들어 내는 연구가 진행되고 있다. 일본의 이바라기현 오미야마치에 있는 방사선육종장(放射線育種場)도 그런 목적으로 세워진 연구시설로 운동장과 같은 넓은 부지의 중앙에 감마선을 내는 코발트 60을 두고 거기서부터 여러 거리의 곳에 식물을 배치하여 방사선을 쬐고 거기서 생기는 기형 식물 중에서 쓸 만한 것을 가려 내려 하고 있다. 여태까지 색깔이 바뀐 별난 장미라든가 크기가 작은 사과 등 몇 가지의 새로운 식물이 만들어지고 있다.

또 앞에서 말한 산나리의 구근 실험에서도 볼 수 있듯이 적당한 양의 방사선은 싹이 트는 것을 방해한다. 이것을 이용해서 저장 중인 감자에 방사선을 쬐어 발아를 방지함으로써 상품 가치가 떨어지는 것을 피하는 방법이 이미 실용화되어 있다.

'알코올 속에서 살아 있을 수 있다'는 것은 어떻게 된 일입니까?

알코올, 에테르, 클로로포름 등의 유기 용매는 고정제(固定劑), 추출제(抽出劑), 마취제로서 쓰이고 있으므로 유기용매는 생물을 죽이거나 약하게 만드는 작용을 했다고 생각하는 것이 보통의 사고방식이다. 즉 살아 있는 생물은 되도록 이들 유기용매로부터 멀리 떼어 놓으려는 것이 현재의 생물학의 상식이다.

그런데 최근에 반대요법인 것 같지만 생물의 생명을 유기용매 속에서 보존하려는 연구가 이루어지고 있다. 필자의 연구실(요코하마시립대

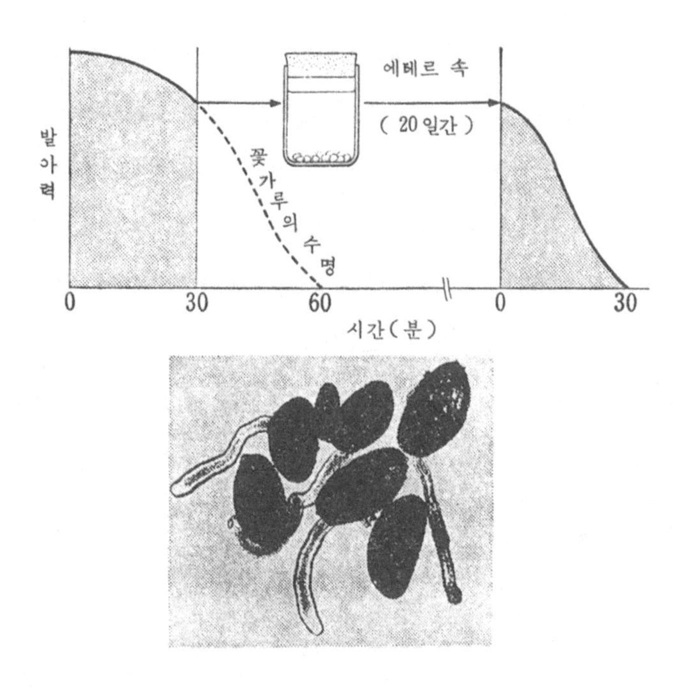

그림 4-16 | 에테르 속에 넣은 갯국화 꽃가루의 수명 분단(위)과 아밀알코올 속에 10년간 두었던 산나리 꽃가루의 성장(아래)

학 생물학 교실)에서는 1971년부터 이 일을 시작했는데 실험으로 아세톤이나 알코올, 에테르 외에 벤젠 4 염화탄소, 디옥산(dioxan), 니트로에탄(nitroethane), 펜탄(pentane), 크실랜(xylen) 등 50종류의 유기 용매 속에 동백과 정향의 꽃가루를 넣고 1주일 후에 끄집어내어 발아력(發芽力)을 조사했다. 그 결과 50종류 중 49종류의 유기용매 속의 꽃가루가 발아력을 가졌다는 것을 알았다(빙초산만은 발아율 0%). 이들 용매 중에는 피리딘(pyridine), 페놀(phenol: 병원에서 살균제로 쓰고 있음) 등의 강한 작용을 한 것도 있다. 이런 용액 속에서 생물의 생명이 유지된다는 것은 적어도 현재의 생물학 지식으로는 도무지 이해할 수 없는 일이다.

〈그림 4-16〉의 그래프는 꽃에서 채집한 지 한 시간 후이면 발아하지 않게 되는 수명이 짧은 갯국화의 꽃가루를 30분이 지났을 때(수명이 반쯤 끝났을 때) 에테르 속에 넣었다가 20일 후에 끌어내어 발아력을 시험하면 꽃가루는 에테르에 넣기 전과 마찬가지로 발아하다가 30분 후에는 발아하지 않게 된다는 것을 가리키고 있다.

독자 여러분은 이 사실을 어떻게 볼까? 한 꽃가루의 수명이 둘로 분단된 것이다. 인간에다 비유하면 70살의 수명인 사람이 35살 때 에테르 속으로 들어갔다가 100년 후에 다시 나와서 나머지 35년의 수명을 보낸다는 것이 적어도 꽃가루에서는 가능하다는 것이다.

그 후 꽃가루뿐만 아니라 식물의 씨앗이나 동물인 새우(brine shrimp)의 알도 유기용매 속에서 생명이 유지된다는 것을 알게 되었다. 더구나 최근에는 10년 동안을 아밀알코올(amyl alcohol)과 부틸알코올(alcohol)에 담가두었던 산나리의 꽃가루와 새우의 알이 완전히 정상으로 발아하거나 부화한다는 것이 판명되었다. 또, 유기용매 속에 저장되어 있던 꽃가루도 암술에 수분하게 되면 정상으로 씨앗을 만든다는 것이 확인되었다.

그러나, 꽃가루나 알이 '알코올 속에서 살 수 있다'고 하는 표현이 반드시 옳지는 않다. 알코올 속에서는 아무 활동도 하지 않고 있는 것이다.

그 증거로 에테르의 실험에서 알 수 있듯이 수명이 둘로 분단되었기 때문에 에테르 속의 20일간은 수명 이외에 속하는 부분이다. 따라서 꽃가루나 알은 에테르 속에서 계속하여 살아온 것이 아니라 에테르 속에서는 생물과 흡사한 물질의 덩어리로서 존재했고 용매로부터 밖으로 나와 물을 흡수함으로써 다시 생물로서의 생활을 시작했다고 생각해야 할 것이다.

한 그루터기에 1만 개나 되는 토마토가 달리는 하이포니카 농법이란 무엇입니까?

텔레비전이나 지난번 일본에서 열렸던 쓰쿠바의 과학 박람회에서 토마토 나무에 수많은 빨간 열매가 달린 것을 본 사람이 많으리라고 생각한다. 하이포니카 농법(hyponica 農法: 水氣耕法)이라는 것은 하이드로포닉스(hydroponics: 水耕法)를 바탕으로 하여 일본의 노자와(野澤重雄) 씨가 명명한 농사짓기 방법이다.

왜 하이드로포닉스가 아니고 하이포니카라고 말하는지에 대한 이유가 매우 재미있기에 우선 그 얘기부터 하기로 한다.

하이포니카의 명명자인 노자와 씨는 식물의 성장에 대해 독특한 철학을 가진 사람으로, 그것을 요약하면 다음과 같다.

“지구 위의 생물은 본래 물속에서 태어난 것이다. 그것이 뭍으로 올라와 생활하게 된 것이므로, 지상의 생물은 상당히 무리하며 살아가고 있

그림 4-17 | 하이포니카 농법으로 키운 토마토(상)와 토마토 '나무' 밑의 노자와 씨

다. 만약에 그 무리함을 제거한다면 생물은 더 느긋하게 생활할 수 있을 것이다. 이를테면 밭의 흙은 식물이 몸을 지탱하는 데 도움을 주고 있으나, 흙의 입자는 뿌리가 자유로이 뻗어나가는 것을 방해하고 있다. 흙은 식물의 배설물을 받아들이기 때문에 비위생적인 데다 병원균의 집합소이다. 식물을 과감하게 흙으로부터 떼어 내어, 조용히 흐르고 있는, 영양분이 듬뿍 담긴 물에 넣어 주면 식물은 위생적인 환경 속에서 병에도 걸

리지 않고 느긋하게 자랄 것이다. 다만 흙이 없으면 식물이 쓰러져 버리기 때문에 선반을 만들어 위에서부터 매달아 준다……"

요컨대 그는 종래의 "대지는 생명의 어머니이며, 흙은 식물에 있어 가장 중요한 것이다"라는 생각에 대해 "흙이 있기 때문에 낭패인 것이다. 흙은 식물의 적이다"라고 반박한다. 하이드로포닉스를 일본 사람은 하이도로포닉스라고 발음하는데, 이 '도로'라는 발음은, 일본어의 진흙(흙)과 같은 발음이어서, 그가 하이도로포닉스라는 일본식 발음에서 도로를 떼어 내고, 하이포니카라고 부르고 있는 것도 거기에 이유가 있다.

어떻게 되었던 하이포니카 농법으로 식물을 키우면, 식물이 빨리 자라고, 지금과는 비교도 안 될 만큼 커지게 되며, 더구나 그 식물은 달고 맛이 있다고 하니까, 식물 전문가가 들어도 크게 놀라울 일이다. 예를 들어 토마토를 이 방법으로 키우면 줄기의 굵기가 20㎝나 되는 토마토나무가 되고, 가지가 10m나 뻗어, 한 그루에 1만 개 이상의 토마토 열매가 달리고, 더구나 맛도 좋다.

토마토뿐만 아니라 보통은 한 그루에 한 개나 두 개밖에 달리지 않는 머스크멜론이 100개나 달린다고 하며, 한해살이 식물일 터인 벼가 몇 해에 걸쳐서 해마다 꽃을 피우고 결실을 맺게 된다.

이 농사법은 암에 약이 듣느냐 듣지 않느냐 하는 문제와는 달리, 실제로 굵은 토마토 나무에 1만 개 이상의 열매가 빨갛게 달렸다는 것이다(노자와 씨의 공장과 쓰쿠바 과학 박람회의 전시장).

오늘날 우리가 알고 있는 식물에 대한 지식은 어디까지나 지금 현재의 지식일 뿐, 결코 옳은 것만은 아니다. 우리는 이 하이포니카 농법으로 한 토마토 나무에 1만 2천 개의 열매를 맺게 한다는 사실을, 우리가 지금 알고 있는 지식만으로는 설명할 수 없다는 사실을 순순히 인정하고, 그 행방을 따듯하게 지켜보아야 한다.

또 하이포니카 농법은 자연으로 되돌려 주는 것이므로 바이오테크놀로지가 아니며, 그것과는 반대 방향의 일이라고도 하겠는데, 현재의 지구 환경과는 다른 상태를 인위적으로 만들어 식물에게 준다는 점에서 넓은 의미의 바이오테크놀로지라고 생각해도 될 것이다.

미국이 일본에다 팔려고 하는 하이브리드 라이스란 어떤 쌀입니까?

학교의 생물시간에 '잡종강세'라는 말을 배운 적이 있을 것이다. 양친 사이에서 자손이 태어날 때 잡종 제1대(양친의 자식)가 크기나 다산성(多産性) 등의 면에서 양친 가운데 어느 쪽보다도 뛰어난 성질을 가지는 것을 잡종강세라고 한다(역자 주: 이 말은 1914년에 G. H. Shull이 명명했다). 요컨대 '트기에는 양친보다 좋은 것이 나타나는 일이 있다'는 것을 말한다.

이 잡종강세를 이용하여 품종이 다른 것을 교배시켜 가면서 뛰어난 성질의 품종을 고르는 일은, 작물이나 가축의 품종을 개량할 때 꽤 예사로이 행해지고 있다. 이를테면 현재 일본에서 재배되고 있는 옥수수 대부분은 미국으로부터 수입해서 팔고 있는 하이브리드 콘(hybrid corn)의 씨앗이다.

미국에서는 옥수수에 이어 다수확량성의 잡종 쌀을 만들어 그 씨앗을 세계로 수출하려 하고 있다. 지금까지 벼의 재배나 연구는 쌀을 주식으로 하는 일본의 장기였으므로 미국이 일본에 쌀을 팔려는 것은 미국이 유도복이나 일본 옷을 만들어 일본인에게 팔려고 하는 것과 같다. 그 때문에 하이브리드 라이스의 판매 작전은 자동차나 비디오 기기 등의 수출초과에 대한 보복일 것이라고 보고 있는 사람도 있다.

하이브리드 라이스 탄생의 경위에 대해 좀 더 자세히 얘기하겠다. 벼는 자화수분(自花受粉)하는 성질이 있다. 그 때문에 논에 벼를 심어 그대로 내버려두면 자기 꽃의 꽃가루로 씨앗(쌀)을 만든다. 더구나 벼꽃은 아주 작고 개화 시간도 짧기 때문에 다른 품종의 벼 꽃가루를 인공교배하는 일은 기술적으로 불가능한 상태였다.

그런 것이 지금으로부터 십수 년 전에 일본의 벼 연구자인 신죠(新城長有: 流球대학)가 암술은 건전한데도 수술이 불완전(웅성불임: 雄性不稔; 꽃가루를 만들지 않음)한 벼를 만드는 데 성공했다. 이 벼는 꽃이 피어도 꽃가루를 만들지 않기 때문에 꽃은 씨앗을 만들 수가 없다. 그래서 이 벼 꽃이 피었을 때, 다른 품종의 벼꽃가루를 분무(噴露)해서 가루받이를 시키면 쉽게 잡종을 만들어 낼 수 있다. 이리하여 세계에 앞서 일본에서 잡종 쌀이 대량으로 생산될 전망이 서게 되었다.

그런데 때마침 이 무렵 일본에는 쌀이 남아돌고 있었다. 그래서 이

귀중한 발명에는 아무도 주목을 하지 않았다. 그런데 이웃나라 중국이 1972년에 일본과 국교가 회복되자 재빨리 신쵸 씨로부터 180개의 웅성불임 씨앗 알갱이를 얻어 중공으로 가져가 곧바로 하이브리드 라이스를 만들었다. 그 결과 중공에서는 단숨에 20%나 되는 쌀의 증수를 거둘 수가 있었다.

그 후 1980년에는 미국이 중공과 국교를 회복했다. 그러자 미국에서도 곧 중공으로부터 웅성불임의 벼를 얻어가 대량의 하이브리드 라이스를 만들어 내는 데 성공했다.

하이브리드 라이스의 우수한 성질은 제1대 뿐이고, 다음 대에는 벌써 그 성질이 나타나지 않는다. 더구나 미국에서는 신품종 권리보장법이 있어 식물의 품종 개량에도 특허와 같은 형태가 취해지고 있다. 그 때문에 가까운 장래에 일본에서는 옥수수의 경우와 마찬가지로 미국으로부터 하이브리드 라이스의 씨앗을 들여오지 않으면 안 될 상태가 될지도 모르는 묘한 상황에 있다.

아스파라거스의 그루터기는 수컷뿐이라고 하는데 정말입니까?

아스파라거스는 은행나무, 삼나무, 뽕나무 등과 같이 암수딴그루인 식물, 즉 동물과 마찬가지로 수컷과 암컷으로 나누어져 있는 식물이다. 따라서 다른 그루의 식물과 마찬가지로 아스파라거스에는 수컷도 있고

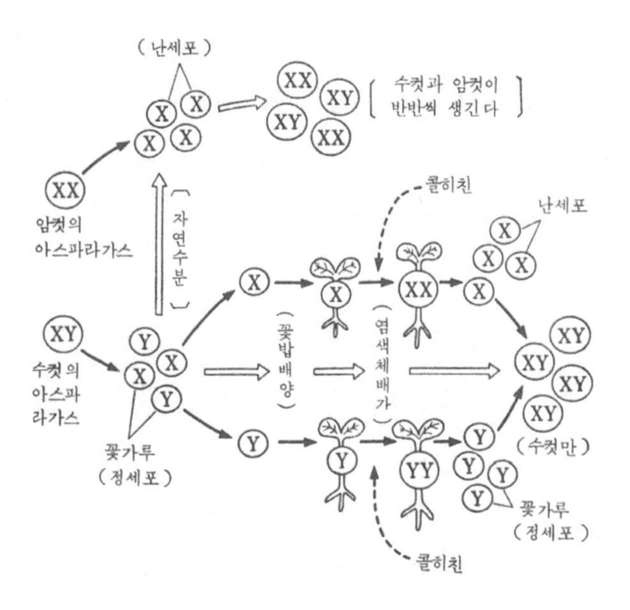

그림 4-18 | 아스파라거스의 수컷만을 만드는 방법

암컷도 있다.

그런데 질문의 내용은, 우리가 현재 먹고 있는 아스파라거스는 수컷만을 밭에서 재배한 것이라는 의미라고 생각한다. 수컷의 아스파라거스만을 밭에서 키운다는 것은 얼핏 생각하면 별일도 아닌 것처럼 생각되지만 식물에서는 몸이 작을 때는 꽃이 없고 상당히 큰 뒤에 꽃이 생긴다. 그 때문에 그 식물이 아직 씨앗일 때는 수컷이 될 것인지 암컷이 될 것인지 모르기 때문에, 밭에다 수컷만을 키운다든가, 암컷만을 재배한다든가 하는 것이 얼마 전까지만 해도 불가능했다.

그런데 일종의 바이오테크놀로지에 의해, 오늘날에는 밭에 수컷의 아스파라거스만을 재배할 수 있게 되었다. 수컷만을 재배하는 이유는, 암컷의 아스파라거스는 가을이 되면 열매를 많이 달기 때문에, 체력을 소모하여 이듬해 봄에 힘찬 싹(식용으로 하는 부분)이 나오지 않기 때문이다.

수컷의 아스파라거스를 육성하는 데는 꽃밥배양(葯培養) 기술을 사용한다. 아스파라거스의 수컷 세포는 XY의 성염색체(성을 결정하는 염색체)가 있고 암컷의 세포에는 XX의 성염색체가 있다. 아스파라거스가 난세포와 꽃가루를 만들 때 생식세포의 염색체는 반수가 되기 때문에 수컷 쪽은 X를 포함하는 꽃가루와 Y를 포함하는 꽃가루를 만든다. 암컷은 XX가 X와 X로 갈라져서 난세포로 들어가므로 모든 난세포는 X를 가지고 있다(그림 4-18).

난세포 쪽은 X 한 종류이고 꽃가루 쪽은 X와 Y 두 종류이므로 자연의 아스파라거스는 XX의 암컷과 XY의 수컷이 나올 확률이 50%씩이다. 즉 아스파라거스는 자연 상태에서 수컷과 암컷이 거의 반반씩 태어난다(이 원리는 사람도 같다).

수컷의 아스파라거스는 X나 Y 성염색체 중 어느 것을 갖는 꽃가루를 만드는데 이들 꽃가루가 아직 젊을 때, 약배양하여 인위적으로 그것을 키운다. 이렇게 해서 X 또는 Y의 어린 식물이 만들어졌을 때, 콜히친이라는 염색체 배가제(染色體倍加劑)를 써서 각 식물의 염색체를 배수(倍數, 수컷은 YY, 암컷은 XX)로 만든다.

이렇게 해서 육성한 식물을 키우면 이윽고 꽃이 피는데 이때 암컷은 X

의 난세포만을 만들고 수컷은 Y만의 꽃가루를 만든다. 여기서 암술에 꽃가루를 수분시켜 주면 거기에 생기는 씨앗의 염색체는 모두 XY가 된다.

이렇게 만들어진 씨앗을 밭에 뿌리면 수컷의 아스파라거스만이 태어나 힘찬 싹을 뻗고 우리는 맛있는 아스파라거스를 먹을 수 있는 것이다.

해수를 민물화하는 데 세포막을 사용한다는데, 그 원리는 무엇입니까?

이 얘기는 세포막을 쓰는 것이 아니라 세포막과 비슷한 성질을 가진

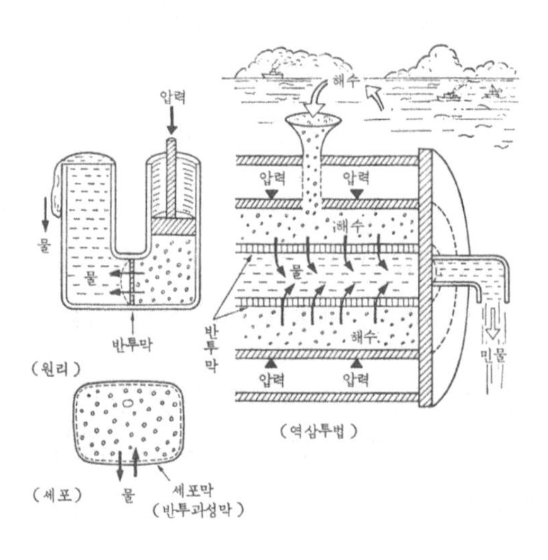

그림 4-19 | 반투막을 써서 해수를 민물로 바꾸는 방법

인공의 반투막을 만들어 그것으로 해수(바닷물)를 민물(淡水)로 바꿀 수 있게 되었다는 의미일 것이다.

모든 세포는 세포막을 가지고 있는데 세포막은 '물은 통과시키지만, 물에 녹아 있는 물질은 통과시키지 않는다'는 반투막에 가까운 성질을 가졌다. 그 때문에 세포는 물을 빨아들이거나 내보내거나 하는 일은 쉽게 할 수 있어도 당 등의 물에 녹는 물질은 밖으로 내보내기도 어렵고 밖으로부터 빨아들이기도 어렵다.

〈그림 4-19〉처럼, 반투막을 U자관의 한가운데에 두고 왼쪽에는 물, 오른쪽에는 여러 가지 용액을 넣어서 그대로 두면 물은 서서히 용액 쪽으로 들어간다. 다음에 오른쪽 관의 액면(液面)에 대해 위로부터 센 압력을 가하면 반투막은 물만 통과시키기 때문에 오른쪽 용액 속의 물이 왼쪽 관으로 이동한다(밀려 나간다). 이리하여 왼쪽 관에 물이 들어오면 수면이 상승하고 이윽고 관의 상부로부터 물이 넘쳐 나간다. 이것이 반투막을 써서 해수를 민물로 바꿀 수 있는 원리이다.

이 원리 자체는 오래전부터 알고 있었으나 해수의 물만을 통과시키고 물에 녹아 있는 염화나트륨 등의 물질은 통과시키지 않는 성질을 가진 커다란 막을 만드는 일은 기술적으로 곤란했었다. 그러던 1960년 미국의 로브 등이 아세틸셀룰로스로 된 정교한 반투막을 만들어 내는 데 성공했다. 이후 각국의 연구자가 일제히 해수의 담수화 연구에 착수하기 시작했다.

이미 실용화의 전망이 서 있는 것은 〈그림 4-19〉와 같은 반투막 튜브의 바깥쪽에 해수를 넣고, 그 주위의 내압관(耐壓管) 안에 압력을 가해서

물을 중앙의 관으로 밀어내는 방법이다. 이렇게 하면 해수로부터 민물을 얻을 수도 있을뿐더러 농축된 해수로부터 식염 등의 다른 물질을 채취할 수도 있다. 이 방법을 '역삼투법(逆滲透法)'이라 부르고 있다.

(주) 물이 반투막을 통과하여 세포로 들어가거나 나가거나 하는 것을 삼투(滲透)라고 한다. 반투막의 실험에서는, 물은 낮은 농도에서부터 높은 농도의 액으로 이동하는데 이 방법에서는 높은 쪽에서부터 낮은 쪽(물)으로 이동한다(밀려나간다). 때문에 역삼투법이라고 불린다.

바이오테크놀로지 등의 과학이 진보하면, 인간은 무한히 행복해질 수 있을까요?

지난번 일본 쓰쿠바 과학 박람회에서도 볼 수 있었듯이, 과학이 진보하면 상상조차 못 했던 일을 할 수 있게 되므로 인간은 부분적으로는 지금보다 행복한 생활을 보낼 수 있게 된다. 그러나 이 질문에 대한 대답은 '과학이 진보한다고 행복해지기만 하는 것은 아니다'라고 말하게 된다. 그 이유는 다음과 같다. 과학을 생각할 때 결코 잊어서는 안 될 일이 있다. 그것은 과학의 연구가 '양날의 칼'과 같은 성질을 가졌다는 점이다. 그 의미는 과학의 진보 때문에 발견된 것은 인간을 행복하게도 하지만 동시에 그 발견이 인간을 다치게 하거나 불행하게도 한다는 점이다.

그림 4-20 | 과학은 양날의 검이다

방사선, 화약, 엔진, 원자핵 등의 발견이나 발명은 인류를 매우 행복하게 하여 왔으나, 동시에 이것들은 전쟁의 무기로 사용되기도 하면서 인류를 불행에 빠뜨려 왔다. 과학의 연구에는 이와 같은 양면성이 있으므로, 과학에서의 발견은 인류를 행복하게 하는 방법과 더불어 인류를 불행하게 만드는 방법도 발견한 것이 된다. 더구나 그 발견이 사람들의 칭찬을 받을 만한 것이면 그럴수록 인간을 불행하게 하는 힘 또한 크다. 이것은 과학의 숙명이며 과학이 문학이나 예술과 근본적으로 다른 점이다.

이 책에서 말하고 있는 바이오테크놀로지를 예로 들어 보자. 현재 대장균 등의 세포에서 행해지고 있는 유전자 수술이 장래에 인간의 세포에서도 자유로이 할 수 있게 된다면 지금까지 고칠 수 없었던 유전성 질병을 치유할 수도 있을 것이고 인터페론 등의 신약을 만들어 낼 수도 있다.

그런데 그 기술을 다른 데다 쓰면 갖가지 병원균을 만들어 낼 수 있을 뿐만 아니라 어떠한 성격의 인간이라도 만들어 낼 수 있게 된다. 이를테면 어리석은 독재자는 자기 이외의 사람을 생각하는 능력이 없는 그저 일만 하는 인간을 만들고 싶다고 생각할 것이다. 흰독말풀에서 발견된 클론 생물을 만드는 기술이 인간에게도 적용되게 된다면 1,000명, 1만 명의 모차르트와 같은 천재를 만들어 내는 것은 좋다고 하더라도 사람에 따라서는 자기를 닮은 인간을 만들거나 죽기 전에 자신의 클론을 만들려고 할지도 모른다. 또 토마토와 감자로 성공한 체세포수정(세포융합)의 연구가 진보하여 인간과 쥐의 트기가 만들어진다고 하면 인간은 행복해지기는 커녕 쥐의 번식력과 인간의 지능을 가진 그 새로운 동물에 의해 멸망하고 말 것이다.

과학의 일을 생각할 때는 빛나는 미래에의 꿈 뒤에 숨어 있는 '과학의 무서움'을 늘 응시하고 있을 필요가 있다. 과학의 한 면밖에 보지 않는 사람에게 과학의 일을 맡긴다는 것은 참으로 위험한 일이다.

서둘러 결론을 내리기로 하자. 과학의 진보는 그것을 추진하는 사람에 따라서 인류를 행복하게도 하고 또 불행하게도 한다. 과학의 연구나 교육에 종사하는 사람은 연구자나 교육자이기 전에 먼저 높은 지성 외 훌륭한 인간이 아니면 안 되는 것이다.